五感で調べる 木の葉っぱずかん

林 将之 著

この葉っぱ
な〜んだ？

わぁ、いろんな色に
紅葉してきれい！

どこかで見たこと
あるような……

ほるぷ出版

前のページの答えは、カエデとサクラの葉っぱ。

カエデ（ハウチワカエデ P.79）
紅葉といえばカエデやモミジ。でも、よく見るモミジとはどこかちがうよ？

サクラ（ソメイヨシノ P.18）
みんなが春にお花見をする木だから、よく見ているはずだね。

どうすれば、葉っぱで木の名前を調べられるのだろう？
答えは、このずかんの中にあります。

このずかんについて

　私たちは毎日、木を見ています。庭、校庭、通学の道、しげみの林……。それなのに、私たちは意外に木の名前を知りません。花や実がつけば名前が分かる木もありますが、多くの木は葉っぱだけで、どれも同じに見えてしまいます。それは、これまでの植物図鑑が、そして私たちが、一時期しか観察できない花や実ばかりに注目してきたからかもしれません。だからこそ、葉っぱを見てみましょう。葉っぱ（や落ち葉）は、いつでもどんな木でも観察でき、1枚の葉っぱからでも木の名前を調べることができるのです。
　筆者は、木をまったく知らなかった18歳から葉っぱ観察を始め、五感を使って楽しく観察することで、"地味"な木の魅力を知り、広めてきました。木の名前がわかると、その土地の歴史や環境がわかり、そこにすむ虫や鳥がわかり、その木の活用法もわかり、目にうつる景色が大きく変わります。私たちは、木でできた家や家具、紙、くだものに囲まれ、薬や燃料としても、木の恵みを受けて生きていることに気づくでしょう。
　このずかんでは、子どもたちの生活でよく目にする樹木約290種類を紹介しています。

林 将之（樹木図鑑作家）

葉っぱ調べ表

この表では、葉っぱから木の名前を調べられます。スタートから順に、当てはまる葉の形を選んでください。たどり着いたページに進むと、候補となる葉とその解説ページを一覧表示しているので、よく似た葉をさがしてください。さらに、ふちのギザギザの有無、葉の厚さや色、葉のつき方を調べることで、候補をしぼることができます。ただし、同じ木でも葉の形に変化があるので、典型的な葉を選んで調べてください。候補が見つからない場合は、ほかのページもさがしてみてください。

※これらの葉っぱの形の調べ方は、P.10で詳しく説明しています。

切れこみがない葉
ギザギザ　うすく、明るい緑

「葉のつき方」でグループ分けしてさがしてみよう。

切れこみがない葉

なめらか

「葉の厚さや色」と「葉のつき方」でグループ分けしてさがしてみよう。

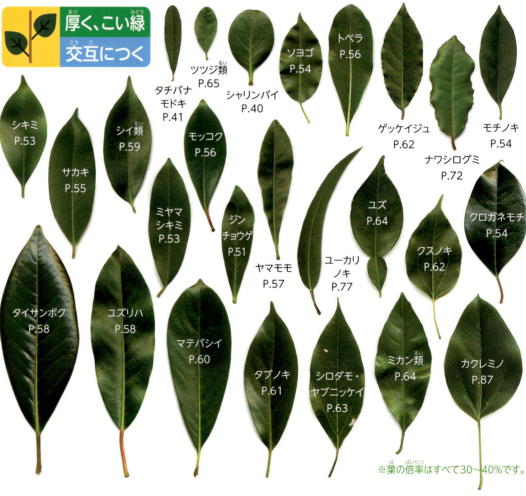

※葉の倍率はすべて30〜40%です。

「葉のふちの形」「葉のつき方」「葉の厚さや色」で
グループ分けしてさがしてみよう。

切れこみがある葉

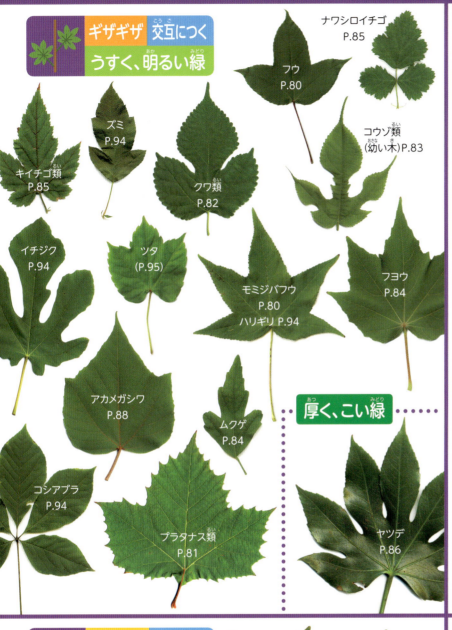

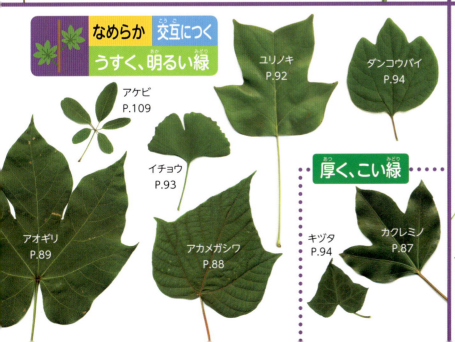

※葉の倍率はすべて約30%です。

はね形の葉

「葉のふちの形」「葉のつき方」「葉の厚さや色」でグループ分けしてさがしてみよう。

ギザギザ／交互につく／うすく、明るい緑

- センダン P.98
- ニガキ P.112
- ナナカマド P.100
- ヌルデ P.104
- クサイチゴ P.85
- サンショウ類 P.97
- ノイバラ P.96
- バラ P.96
- タラノキ P.99
- オニグルミ P.101
- シンジュ P.102
- カラスザンショウ P.103

厚く、こい緑
- ヒイラギナンテン P.48

ギザギザ／対につく／うすく、明るい緑

- ノウゼンカズラ P.112
- アオダモ P.110
- ゴンズイ P.112
- ニワトコ P.112

なめらか／交互につく／うすく、明るい緑

- ギンヨウアカシア P.112
- カイコウズ (P.12)
- ツタウルシ P.105
- エンジュ P.108
- フジ P.109
- ニセアカシア P.108
- ヤマウルシ P.105
- ナンテン P.111

厚く、こい緑
- ネムノキ P.107
- ハゼノキ P.105
- ムクロジ P.106

なめらか／対につく／うすく、明るい緑

- キハダ P.112

厚く、こい緑
- シマトネリコ P.110

※葉の倍率はすべて20～30%です。

葉の形やつき方が似たものをさがしてみよう。
針葉樹のほとんどは常緑樹（葉が厚く、こい緑色）だよ。

針形の葉

うろこ形の葉

葉っぱの形の調べ方

　木の名前を調べるには、葉から調べる方法が一番よく使えます。なぜなら、葉や落ち葉はほぼ一年じゅう観察でき、幼い木でも大人の木でも観察できるからです。それにくらべ、花や実が見られる時期は一年のうちわずかで、若い木や生育の悪い木では、花や実が何年もつかないことがよくあります。

　葉から木の名前を調べるには、まず下の4項目を調べてください。これらはP.3の「葉っぱ調べ表」で候補種を調べる時に使う、大事な観察ポイントです。ただし、同じ木でも、日なたや枝先の葉は小さく、日かげの葉は大きくなる傾向がありますし、切れこみのある葉とない葉や、ギザギザのある葉とない葉が両方見られる木もあるなど、葉の形にも変化（変異）があります。木全体をよく見て、標準的な葉をさがして調べることが大切です。

①葉の形

木の葉の形は、主に5種類に分けられます。

切れこみがない葉
もっともふつうな葉の形で、細い葉や丸い葉など、いろいろな形があります。

切れこみがある葉
モミジのように切れこみが入った葉で、切れこみの数や深さはさまざまです。

はね形の葉
小さな葉（小葉）がはねのようにならび、1枚の葉をつくる形です。小葉の数は3〜20枚以上までさまざまで、秋はこれらが丸ごと落ちます。（見分け方はP.128）

針形の葉
針のように細い葉です。

うろこ形の葉
数mmの小さなうろこ状の葉です。

②葉のふちの形

ふちにギザギザ（鋸歯）がある葉（鋸歯縁）と、ギザギザがなく、なめらかな葉（全縁）に分けられます。ギザギザの形はさまざまです。

すべて実物大

ギザギザ　　なめらか

③葉の色や厚さ（落葉樹と常緑樹）

冬にすべての葉を落とす木（落葉樹）と、一年じゅう緑色の葉をつけている木（常緑樹）に分けられます。葉の色、厚さ、かたさ、光沢の強さを調べれば、夏でも落葉樹と常緑樹を区別できます。ただし、常緑樹でも若葉は落葉樹のように見えるので、古い葉で観察しましょう。

 落葉樹　　 常緑樹

・葉は明るい緑色。
・葉は薄く、やわらかめ。
・光沢は弱め。

・葉はこい緑色。
・葉は厚く、かため。
・光沢は強め。

④葉のつき方

枝に、葉が1枚ずつ交互につくつき方（互生）と、2枚ずつ対につくつき方（対生）があります。葉が枝先に集まってつくものも、交互につく葉の間かくがつまった場合がほとんどで、木全体では、交互につく種類の方が多く見られます。針形の葉やうろこ形の葉では、つき方がわかりにくいので、調べなくてもよいです。

交互につく　　対につく

ずかんの見方

和名
日本で標準的に呼ばれる木の名前を、カタカナで表しています。よく似た木がいくつかあり、それらをまとめて同じ名前で呼ぶことが多い場合は、「類」として紹介しています。

漢字名・別名・英名
漢字名 和名を漢字で表しています。
別名 よく使われるほかの和名がある場合に記しています。
英名 作者の判断で、わかりやすい英名を選び、英語の実際の発音に近いフリガナをふっています。太字のフリガナは強く発音する音、()内は小さく発音する音を示します。英名がない木も多くあります。
学名 和名が学名に由来する場合は、学名を記しています。学名とは、ラテン語で表される世界共通の名前です。

葉っぱの画像
葉っぱをスキャナでスキャン(撮影)した画像をのせています。葉のうらに特徴があるものは、うらの画像ものせ、小さくて見えにくい部分は円内に拡大してのせています。本物の葉と同じ大きさでのせた場合は「実物大」と表示し、縮小や拡大をしている場合はその倍率を%で表示しています。

分類・木の高さ・似た種類・分布
「科」は、植物の分類でその木がふくまれるグループを表します。「落葉樹」か「常緑樹」かにくわえ、木の高さが約10m以上になるものは「高木」、約3〜10mは「小高木」、約3m以下は「低木」、茎がつるになるものは「つる植物」と記し、()内に標準的な大人の木の高さを示しています。

似た種類 葉や木の姿がよく似ている種類を紹介しています。
分布 日本国内で野生の木が見られる地域を、北海道・本州・四国・九州・沖縄に分けて示しています。植えられた木のみが見られる地域は()で囲んでいます。外国産の木の場合は原産地を記しています。
寒 暖 寒地に育つ木、暖地に育つ木を表します。寒地・暖地の範囲はP.12〜13の日本地図をご覧ください。

葉っぱの形マーク
葉から木の名前を調べる時に大切な4つの特徴、「葉の形」「葉のふちの形」「葉の厚さや色」「葉のつき方」をマークで示しています。これらの特徴は、P.3の「葉っぱ調べ表」から調べることもできます。本書はこのマークの順に木をならべています。

葉の形
 切れこみがない葉
 切れこみがある葉
 はね形の葉
 針形の葉
 うろこ形の葉

ふちの形
 ギザギザ
 なめらか

厚さ・色
 うすく、明るい緑
 厚く、こい緑

つき方
 交互につく
 対につく

くらべてみよう
よく似ているけどちがう木や、まちがえやすい木を紹介しています。

木の写真
木のイメージをつかむために、樹形(木の全体の姿)、樹皮(幹の皮の様子)、花、実、葉などの写真をのせ、それぞれの特徴や見分けポイントを解説しています。

解説文
その木がどのような木なのか、生えている場所、名前の由来、花・実・葉などの特徴、利用方法などを解説しています。花や実の季節は、東京〜大阪周辺を基準にしています。

五感で調べる観察ポイント
木を楽しく調べて覚え、自然のしくみを考えてもらうために、五感を使った観察ポイントを紹介しています。また、木を使った遊びや、危険な木も紹介しています。

 【視覚を使う】目で見たり、さがしたりする特徴。
 【聴覚を使う】耳で聞いて調べる特徴。
 【嗅覚を使う】鼻でにおいをかいで調べる特徴。
 【触覚を使う】手でさわって調べる特徴。
【味覚を使う】口にふくんで味を調べる特徴。
 【遊び・実験】遊んだり、試してみたりする特徴。

 【危険な木】さわったり、食べたりすると特に危険なもの。

11

都道府県の木

全国47の都道府県は、それぞれに特性のある都道府県の木を指定しています。マツ類（8県）やスギ（6府県）など、林業で重要な木が多く選ばれていることも特徴です。市町村の木も指定されているので、調べみるとよいでしょう。

㉕滋賀県／モミジ（永源寺など名所多い）

㉔三重県／神宮スギ（伊勢神宮の古木）

㉓愛知県／ハナノキ（東海地方のカエデ）

㉛鳥取県／ダイセンキャラボク（大山に生育）

㉚和歌山県／ウバメガシ（備長炭の産地）

㉙奈良県／スギ（古都に大木を供給）

㉘兵庫県／クスノキ（楠木正成最期の地）

㉗大阪府／イチョウ（街路樹が多い）

㉖京都府／北山スギ（台杉の名で庭木に）

㊲香川県／オリーブ（小豆島の名産品）

㊱徳島県／ヤマモモ（果樹栽培がさかん）

㉟山口県／アカマツ（マツ林と竹林多い）

㉞広島県／モミジ（宮島のまんじゅうが名物）

㉝岡山県／アカマツ（乾いたマツ林多い）

㉜島根県／クロマツ（松江城の堀も黒松）

㊴高知県／魚梁瀬スギ（貴重な天然スギ）

㊳愛媛県／マツ（石鎚山の五葉松も立派）

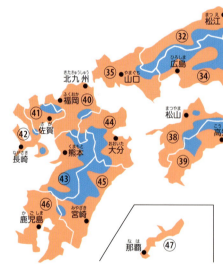

㊶佐賀県／クスノキ（川古の大楠は圧巻）

㊵福岡県／ツツジ（ミツバツツジ類も多い）

㊾沖縄県／リュウキュウマツ（亜熱帯の松）

㊻鹿児島県／カイコウズ（南国の木）・クスノキ

㊺宮崎県／フェニックス（ヤシ並木が多い）

㊹大分県／豊後ウメ（大粒のウメの発祥）

㊸熊本県／クスノキ（熊本城にも大木が）

㊷長崎県／ツバキ（五島が有名）・ヒノキ

日本の暖地と寒地

寒地（寒）
暖地（暖）

※地図の青い部分は寒地（冷温帯）、赤い部分は暖地（暖温帯）を示します。解説ページの「分布」に記した寒マークは寒地、暖マークは暖地でその木が主に育つことを表します。

● 都道府県庁所在地と主な地方都市

①北海道／エゾマツ（トウヒの仲間）

④宮城県／ケヤキ（仙台の並木道が美しい）

③岩手県／南部アカマツ（優良な建材）

②青森県／ヒバ（ヒノキアスナロの別名）

⑦福島県／ケヤキ（独特な「あがりこ」樹形も）

⑥山形県／サクランボ（日本一の産地）

⑤秋田県／秋田スギ（三大美林の一つ）

⑪千葉県／マキ（温暖な房総半島に多い）

⑩群馬県／クロマツ（赤城山に多数植林）

⑨栃木県／トチノキ（県名の由来）

⑧茨城県／ウメ（偕楽園は梅の名所）

⑯富山県／立山スギ（立山の天然スギ）

⑮新潟県／ユキツバキ（豪雪地の花木）

⑭神奈川県／イチョウ（冬の並木道も見事）

⑬東京都／イチョウ（都市環境にも強い）

⑫埼玉県／ケヤキ（武蔵野のシンボル）

㉒静岡県／モクセイ（暖地の代表的庭木）

㉑岐阜県／イチイ（位山が有名な産地）

⑳長野県／シラカバ（爽快な高原の象徴）

⑲山梨県／カエデ（山に囲まれカエデ豊富）

⑱福井県／マツ（気比の松原が有名）

⑰石川県／アテ（ヒノキアスナロの別名）

切れこみがない葉
ギザギザ
うすく、明るい緑
交互につく

コナラ

漢字名 小楢　別名 ナラ(楢)　英名 Oak (ナラ・カシ類)

ブナ科の落葉高木(10〜25m)
似た種類 ミズナラ(下)、クヌギ(P.16)
分布 北海道〜九州

実物大
葉は長さ10cm前後で、先に近い方で幅が広くなる。

するどいギザギザがある。

おもて表

コナラよりギザギザが大きい。

長さ1〜3cmの柄がある。

実物大

柄は5mm以下でほとんどない。

紅葉

くらべてみよう
ミズナラ
葉は長さ15cm前後でコナラより大きく、どんぐりも大型。樹皮は紙のようにうすくはがれる。

身近な雑木林にふつうに生える木で、本州の里山ではもっとも多く見られる木といえるでしょう。クヌギ、シデ類、アカマツなどとよくいっしょに生えます。樹液にはカブトムシが集まり、秋にはどんぐりがなる木で、石油やガスがなかった時代はマキや炭としてよく使われました。するどいギザギザが目立つ葉と、白黒のたてしま模様に見える幹が特徴です。雪が積もるような寒い地方には、よく似たミズナラが生え、コナラとともに「ナラ」とも呼ばれます。ミズナラは木材が水分を多くふくむことが、コナラは葉が少し小さいことが名の由来です。

樹形
雑木林に生えたコナラ。不規則に枝分かれし、やや不ぞろいな樹形になる。

樹皮
さけた部分が黒く、平らな部分が白く見える。

実
どんぐりは長さ2cm前後で小さめ。

見てみよう！ 葉の幅が最も広いのはどこ？
コナラ、ミズナラ、カシワなどの葉は、中央より先に近い方で幅が最大になる(◀)ことが特徴だ。このように卵が逆さになった形を「倒卵形」と呼び、葉で木を見分ける時の大切な区別点になる。

卵形(ムクノキ)　倒卵形(コナラ)

14

カシワ

漢字名　柏・槲

ブナ科の落葉小高木(4〜15m)
似た種類　ミズナラ(P.14)、ナラガシワ
分布　北海道〜九州 寒 暖

切れこみがない葉
ギザギザ
うすく、明るい緑
交互につく

80%
カシワの葉で包んだかしわもち。

葉のつけ根は丸く、柄はほとんどない。

ふちは大きな波形で、とがらない。

表

5月5日のこどもの日に食べる、かしわもちの葉っぱとしておなじみです。葉は長さ20〜30cmと大型で、ふちは大きな波形になり、うらは毛が生えガサガサしていることが特徴です。葉が大きいので、昔から食べ物をのせる葉っぱとして使われました。また、冬も枯れ葉が枝に残ることが多く、春に若葉が出てから枯れ葉が落ちるので、これを子孫をたやさずに繁栄する様子にたとえ、縁起のよい木とされました。そのため、庭木に植えたり、こどもの日にかしわもちを食べたりする習慣が今も残っています。野生の木は海岸や山地の林に生え、特に北海道に多く見られます。

樹形
高原に生えたカシワ。紅葉が終わった後も、葉が落ちずに枝に残っている。枝はコナラより太い。

見てみよう！ 西日本のかしわもち

西日本では、身近なヤブに生えるサルトリイバラ（猿捕茨）というつる植物の葉で「かしわもち」を作る地方も多い。サルトリイバラの葉は、ほぼまん丸でギザギザはなく、3〜5本の長いすじが目立つので、カシワとはかなりちがう印象だ。君の町のかしわもちは、何の葉っぱかな？

葉
大きな葉が枝先に集まってつく。柄はない。

実
どんぐりの先は長くのび、おわんは独特の形。

切れこみがない葉
ギザギザ
うすく、明るい緑
交互につく

クヌギ

漢字名 櫟・椚　英名 Sawtooth oak

ブナ科の落葉高木(10〜25m)
似た種類 アベマキ(下)、クリ(P.17)
分布 本州〜九州 暖

うらはうすい緑色。アベマキやクリより色がこい。

実物大

ギザギザの先は糸のようにのびる。

うら

表

葉は丸みが強く、うらは白みが強い。

35%

うら

芽は細くとがり、白い毛が生える。

くらべてみよう アベマキ
クヌギにそっくりですが、葉のうらや樹皮で区別できます。中部地方〜九州に多く生えます。

コナラとともに身近な雑木林や里山によく生えている木で、山奥の森にはほとんど見られません。シイタケのほだ木(シイタケを栽培する丸太)を作るために、植えられることもよくあります。樹液にカブトムシがよく集まる木として知られますが、ガやカミキリムシの幼虫が幹に穴を開けて食べることで樹液が出るので、健康な木では樹液は出ません。秋にはまん丸の大きなどんぐりがなり、どんぐりの王様とも呼ばれます。葉は細長くてあらいギザギザがあることが特徴で、樹皮は深くさけ、コナラやクリとちがって平らな面が残らないことが特徴です。

樹形
雑木林に生えたクヌギ。幹は比較的まっすぐのびることが多く、たて長の樹形になりやすい。

樹皮
たてに深くさけ、さけ目の底はオレンジ色。

実
どんぐりのおわんはイソギンチャクのような形。

さわってみよう！　幹をおさえてへこめばアベマキ
クヌギの樹皮はかたいが、よく似たアベマキはコルクのように弾力があり、指でおさえるとへこむことがちがい。樹皮でコルク栓を作ることができ、「コルククヌギ」の別名もある。どんぐりはほぼ同じ。

16

クリ

漢字名 栗　　英名 Chestnut

ブナ科の落葉高木(5〜15m)
似た種類 クヌギ(P.16)、モモ(P.19)
分布 北海道〜九州 寒・暖

切れこみがない葉
ギザギザ
うすく、明るい緑
交互につく

秋を代表する山の果実で、トゲトゲのイガ(殻斗)にくるまれた実が落ちます。実は焼き栗や蒸し栗、栗ご飯などにして食べられます。ただ、イガが手足に刺さったり、木の上から落ちてきたりすると危険なので気をつけましょう。クリ林をつくってよく栽培され、身近な雑木林や山地にも生えます。栽培されるクリの実は大型で、幅3〜4cmにもなりますが、野生のクリ(山グリ)の実は2cm前後です。ときどきクリタマバチというハチが寄生してできた玉(虫こぶ)も見られます。葉はクヌギにそっくりですが、ギザギザの色、樹皮、芽の形などで区別できます。

樹形 / **樹皮**
クリ林で花をつけた木。花は白い穂状で6〜7月に咲く。若い樹皮は黒っぽく、ややひし形の模様(皮目)がある。

樹皮
大きな木ではたてにさけ、平らな面がよく残る。

実
実はイガにつつまれ、9〜10月に茶色く熟す。

実物大

ギザギザはクヌギより短めで、先まで緑色。

芽にできたクリタマバチの虫こぶ。直径約1cmで中に幼虫がいる。

葉は細長く、長さ8〜20cm。野生のクリは葉が小さめ。

表

うら

イガの中にふつう3個の実が入っている。

うらはクヌギよりやや白い。

芽はクリの実に似た形で、毛はない。

見てみよう！ ギザギザの先

クリの木は、実がないとクヌギにそっくりで、見分けるのがなかなか難しい。葉で見分けるには、ふちのギザギザをよく見てみよう。ギザギザの先まで緑色なのがクリで、クヌギは緑色(葉緑素)が抜けている。これを、「クヌギは葉緑素ヌキ」と覚えるとよい。

200%
クリ / クヌギ

切れこみがない葉
ギザギザ
うすく、明るい緑
交互につく

サクラ類

漢字名 桜　英名 Cherry

バラ科の落葉高木～小高木（4～20m）
似た種類　ウメ(P.19)、キブシ、ミズメなど
分布　北海道～沖縄　寒 暖

ソメイヨシノ

ヤマザクラの実。赤から黒色に熟すが、苦みが強くてまずい。

シダレザクラ

表　表

すべて実物大

葉はやや細長い。

イボ（蜜腺）は目立たない。

みつが出るイボ（蜜腺）がふつう2個ある。

柄や芽に毛が生える。

ヤマザクラ

柄や芽に毛はない。

柄や芽に毛が生える。

日本の国花である「サクラ」は、野生種が約10種、園芸用の品種は500品種以上もあります。サクラ類は、春にうすいピンク～白色の花が咲き、初夏に赤～黒色の実がなり、樹皮は横すじがあります。単に「サクラ」というと、ソメイヨシノ（染井吉野）という品種を指すことが多く、学校や公園、街路樹などにもっともふつうに植えられています。花びらの数が多い品種はヤエザクラ（八重桜）、枝がたれる品種はシダレザクラ（枝垂桜／樹皮はたてにさける）と呼ばれます。身近な雑木林によく生えるのはヤマザクラ（山桜）で、花と赤い若葉が同時に開くことが特徴です。

樹形
ソメイヨシノは枝を低くのばして横に広い樹形になる。花が咲く3～4月は花見でにぎわう。→P.2、113

味見してみよう！　蜜腺から出るみつ

サクラ類の葉は、柄にゴマ粒ほどのイボがふつう2個あることが特徴だ。これは「蜜腺」と呼ばれ、若葉の時にみつが出て、なめるとわずかにあまく、アリがよく集まる。では何のためにみつを出すのだろう？　研究によると、アリを呼んで葉の上をパトロールさせることで、毛虫などの害虫を追いはらっているといわれるよ。

樹皮
ヤマザクラの樹皮。横向きのすじ（皮目）が目立つ。

花
ソメイヨシノの花。葉より先に花が開く。

ウメ

漢字名 梅　　英名 Japanese apricot

バラ科の落葉小高木(3〜7m)
似た種類 サクラ類(P.18)、アンズ、スモモなど
分布 中国原産 寒 暖

切れこみがない葉
ギザギザ
うすく、明るい緑
交互につく

早春に咲く花が美しく、実は食用や薬用になるので、昔から庭や畑によく植えられます。葉はサクラを小さくしたような形です。「桜切るバカ、梅切らぬバカ」という言葉があり、枝を切るとくさりやすいサクラに対し、ウメは枝をのばす力が強く、毎年枝を切った方がよく花が咲きます。花びらはふつう白色で5枚ですが、園芸用の品種が多く、ピンクや赤色、八重咲きの花もあります。実はまだ青い6月ごろに収穫し、梅干しや梅酒、梅ジュースなどを作ります。実が直径1〜2cmの品種を「小ウメ」、直径3〜4cmの品種を「豊後ウメ」と呼ぶこともあります。

柄が赤みをおびることも多い。
先はしっぽのようにつき出てのびる。
うら
表
すべて実物大
小さなイボ(蜜腺)がふつう2個あるが、ないことも多い。
葉は長さ7〜16cmで細長い。
柄の上にイボ(蜜腺)がふつう2個ある。

樹形　花
枝を切られてカクカクした枝ぶりになり、細い枝を真上に長くのばした樹形が多い。花は2〜4月ごろに咲く。

くらべてみよう
モモ
中国原産の落葉小高木で、庭や畑に植えられます。春に桃色の花が咲き、夏に実がなります。花が八重咲きで実がならない品種もあり、ハナモモ(花桃)と呼ばれます。樹皮は横すじがあります。

樹皮　実
たてや横にさけてはがれ、荒れた印象がある。
若い実は緑色で、熟すと黄〜赤色に色づく。

見てみよう！ ウメ・モモ・サクラの花の見分け方

ウメ、モモ、サクラ類の花はよく似ており、色もさまざまでまぎらわしい。ウメは花びらが丸く、花に柄がないので枝にくっついて見えることが特徴。モモの花も柄がないが、花びらがやや長くて大きく、ガクに毛が多いことがちがい。サクラ類の花は長い柄があり、枝からぶら下がるように咲くことが特徴だ。

ウメ
モモ
サクラ(ヤマザクラ)

19

切れこみがない葉
ギザギザ
うすく、明るい緑
交互につく

ケヤキ

漢字名 欅　別名 ツキ(槻)　英名 Zelkova

ニレ科の落葉高木(10〜30m)
似た種類 ムクノキ(P.21)、ニレ類(下)
分布 (北海道)・本州〜九州

実物大
ギザギザはカーブをえがく。
表
実は直径5mmほどで秋に茶色く熟し、葉とともに風にまって落ちる。
表面はヤスリのようにざらつく。
うら
まっすぐなすじが平行にならぶ。

とても大きくなる木で、おうぎを広げたような木の姿(樹形)が美しく、街路樹や公園、学校などによく植えられます。特に関東地方や東北地方では、街中にも雑木林にもケヤキが多く、神社や古い家の庭の林(屋敷林)などに立派な大木(P.35)が見られます。秋の紅葉は、木によって、赤、オレンジ、黄色と色がちがって美しく、葉はカーブしたギザギザの形が特徴です。うろこ状にはがれる樹皮も独特です。イチョウ、サクラに次いで日本で3番目に多い街路樹(P.113)で、最近はのっぽな細長い樹形の品種「武蔵野ケヤキ」も植えられています。

見てみよう！ 電信柱のような幹

ケヤキの若い幹(太さ25cm以下ぐらい)は、すべすべした灰色で、コンクリートの電信柱と見まちがえそうだ。年をとるにつれて、樹皮がうろこ状に少しずつはがれ、独特の模様ができる。

樹形
おうぎ形に枝を広げたケヤキ。左の木は黄色に、右の木はオレンジ色に紅葉しはじめている。

くらべてみよう ニレ類

同じニレ科に、寒地に生えるハルニレ、西日本の暖地に生えるアキニレがあり、名前は花の季節を指します。いずれも葉は平行四辺形のようなゆがんだ形で、公園や街路樹にも植えられます。

70%
アキニレ
葉は長さ2〜6cmで小さい。
ハルニレ
表
葉はケヤキぐらいの大きさ。

幹
樹皮がうろこ状にはがれ、でこぼこができる。

葉
ギザギザが目立つ。花は春に咲くが目立たない。

20

エノキ

漢字名 榎　　英名 Hackberry

アサ科の落葉高木(5〜20m)
似た種類　ムクノキ(下)、ケヤキ(P.20)
分布　本州〜九州　暖

切れこみがない葉

ギザギザ

うすく、明るい緑

交互につく

明るい場所にふつうに生える木で、身近な雑木林や公園、河原、神社などによく見られます。秋に直径6〜7mmの実がなり、干し柿に似たあまみがあります。この実を鳥が好んで食べ、フンをした場所からタネがよく芽生えるので、道ばたや庭のすみなどで、小さなエノキが生えているのがよく見られます。木の姿や葉はケヤキやムクノキに似ていますが、葉のすじやギザギザ、樹皮の特徴を確認すれば見分けられます。エノキを食べる虫には、国のチョウに選ばれているオオムラサキや、オオゴマダラ、タマムシなどがいます。

葉の先半分にギザギザがある。

表

実物大

花は春に咲くが、地味で目立たない。

うら

つけ根で分かれる3本の長いすじが目立つ。

実物大

表はざらざつき、ギザギザはケヤキより角ばる。

くらべてみよう　ムクノキ

同じアサ科のムクノキは、ケヤキやエノキと似ていますが、葉のすじやギザギザの形がちがいます。秋になる実は黒紫色で、樹皮は白っぽくたてすじが入ります。

実
長さ約1cmで干し柿の味がして食べられる。

表

つけ根のすじはケヤキより長くのびる。

樹形
河原に生えたエノキ。ケヤキよりも横に広く丸い樹形になることが多く、木登りもしやすい。

幹
樹皮ははがれず、ところどころ横すじが入る。

実
秋にオレンジ〜赤色の実がなり、食べられる。

さわってみよう！
葉っぱのヤスリ
ムクノキの葉は、表面にガラス質の短い毛があり、よくざらつくので、乾燥させた葉をヤスリにして、職人さんがうつわなどの木工品をみがくのに使われる。実際に紙ヤスリのように使えるので、ざらざらした葉っぱをさわって試してみよう。

21

シデ類

切れこみがない葉
ギザギザ
うすく、明るい緑
交互につく

漢字名 四手　別名 ソロ　英名 Hornbeam

カバノキ科の落葉高木(7～20m)
似た種類 ムクノキ(P.21)、チドリノキなど
分布 北海道～九州 寒 暖

アカシデ — 先はやや長くのびる。／葉は小さいが、柄は長め。／紅葉／うら／まっすぐなすじが多数ならぶ。紅葉は黄～オレンジ色。

イヌシデ(表) — すじの間に毛が生える。アカシデやクマシデは毛がない。

クマシデ(紅葉) — すべて実物大／すじの数が特に多い。／秋は黄色く紅葉する。

シデ類は身近な雑木林によく生える木の一つで、たまに庭や公園にも植えられます。アカシデ（赤四手）、イヌシデ（犬四手）、クマシデ（熊四手）の主に3種類があり、アカシデは葉が一番小さく、若葉や紅葉、花が赤みをおびます。イヌシデの葉は中ぐらいの大きさで長さ5～9cm、「犬」の名がつくのは、木材などが役に立たないという意味があります。クマシデは葉が一番長く、クマが出るような山地に多い木です。いずれの葉も、平行にならんだ多くのすじが目立つことが特徴です。春に穂状の花が咲き、秋は茶色く熟した実がぶら下がり、ばらけて風に飛ばされます。

樹形／実
シデ類がしげる秋の雑木林。カエデ類やナラ類といっしょに生えることが多い。円内はクマシデの実。

見てみよう！ 四手に似るのは花？ 実？

四手（紙垂）とは、神社のしめ縄などにぶら下げる白い半紙の飾りのこと。シデ類の名の由来は、「花が四手に似ているため」といわれることが多いが、筆者は花よりも実の方が似ていると思う。木の名前の由来は、いろいろな説があることが多いので、まずは自分で考えてみることが大事だ。

しめ縄の四手　イヌシデの実

樹皮
シデ類の樹皮は灰色で、たてにうすくすじが入る。

花
アカシデの花。葉が開く前に咲き、穂状にたれる。

ハンノキ類

漢字名 榛木　英名 Alder

カバノキ科の落葉高木（5〜20m）
似た種類　サクラ類（P.18）、ウラジロノキなど
分布　北海道〜沖縄 寒 暖

切れこみがない葉
ギザギザ
うすく、明るい緑
交互につく

ハンノキ類は、明るい場所によく育ち、小さな松ぼっくりのような実が一年じゅう枝についていることが特徴です。代表種にハンノキ、ヤマハンノキ、オオバヤシャブシ（大葉夜叉五倍子）があります。ハンノキは湿地や河原などの水辺に生え、池のまわりにも植えられます。ヤマハンノキは、実はハンノキと同じですが、葉が丸く、樹皮がさけず、乾いた場所にも生えることがちがいです。オオバヤシャブシは、よく似たヤシャブシ（寒い山に生える）より葉や実が大きく、道路ぞいの斜面などを緑化するために、本州〜九州の主に暖地でよく植えられています。

ハンノキ
ギザギザは小さい。
表
すべて80%

ヤマハンノキ
葉は丸く、大きな山形のギザギザが目立つ。
表

オオバヤシャブシ
すじが多く、光沢が強い。
実は長さ2〜3cmで1個ずつつく。

樹形　花の芽
湿地に生えたハンノキ。ヤナギ類（P.27）としばしばいっしょに生える。花の芽が枝についていることが多い。

樹皮
ハンノキの樹皮はたてにさける。ヤシャブシ類は不規則にはがれる。

実
ヤマハンノキやハンノキの実は長さ1.5cm前後。

やってみよう！
実をふるとタネが出る
ハンノキ類やヤシャブシ類の実を見つけたら、手に取ってふってみよう。平たい小さなタネ（正確にはこれが実）が出てくるよ。タネは秋〜春にかけて風に飛ばされ、やがて実は空っぽになる。

実物大
オオバヤシャブシのタネ

切れこみがない葉
ギザギザ
うすく、明るい緑
交互につく

ナツツバキ類

漢字名 夏椿　別名 シャラノキ(沙羅の木)

ツバキ科の落葉小高木(5～15m)
似た種類 サルスベリ(P.73)、リョウブ(下)など
分布 (北海道)・本州～九州 暖 寒

ナツツバキ
ギザギザはにぶい。
表
うら
すじがくぼんでしわが目立つ。
実物大
ヒメシャラの樹皮はほぼオレンジ一色。
ギザギザは目立たない。
表
ヒメシャラ

ツバキ(P.36)の仲間ですが、夏に白い花が咲き、落葉樹なので葉の色が明るいことがちがいで、秋にはこいオレンジ色に紅葉します。樹皮はうろこ状にはがれ、サルスベリやリョウブに似て、すべすべした美しいまだら模様になることも特徴です。別名をシャラノキといい、仏教で神聖な木とされる沙羅双樹(お釈迦様が亡くなった場所に生えていた木でインド原産)の代わりに、お寺に植えられるほか、庭や公園にも植えられます。葉が広いナツツバキと、葉や花が小型のヒメシャラの主に2種があり、いずれも野生の木は寒い山地に生えます。

樹形　花
花をつけた庭木のナツツバキ。花は白色で6～7月に咲き、直径約6cm。ヒメシャラの花は直径2cm前後。

くらべてみよう
リョウブ

樹皮がナツツバキに似ていますが、葉がやや長く、枝先に集まることがちがい。リョウブ科の小高木で、北海道～九州の乾いた山に生え、ときどき庭木にされます。

30%
花
先に近い方で幅広くなる。
夏に白い穂状の花が咲く。

見てみよう！
樹皮の変化

リョウブの樹皮は、細い木(A)ではあまりはがれず、太い木(B)ではすべすべのまだら模様になる。たまに(C)のようにまだら模様にならない木もあるなど、樹皮の様子は変化が多い。

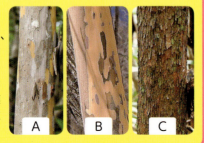

A　B　C

樹皮
ナツツバキはベージュ、茶色、灰色などが交じる。

実
ナツツバキの実は直径1.5cm。ヒメシャラは1cm。秋に熟して5つにさける。

ドウダンツツジ

漢字名 灯台躑躅・満天星躑躅

ツツジ科の落葉低木(0.5〜2m)
似た種類 サラサドウダン(下)、アブラツツジ
分布 (北海道)・本州〜九州 暖 寒

切れこみがない葉

ギザギザ / うすく、明るい緑 / 交互につく

表 / 芽は赤色をおびる。 / 中央より先に近い方で幅が広くなる。 / 枝はまっすぐ。 / ふちにこまかいギザギザがある。 / サラサドウダンの花。

くらべてみよう サラサドウダン
北海道〜九州の山地に生え、北日本を中心に寒い地方で植えられます。葉はドウダンツツジより大きく、花は赤いすじが入ります。

実物大 / 紅葉

まっ赤に紅葉する木といえば、モミジ類やウルシ類、ナナカマドなどが有名ですが、低木ならドウダンツツジが一番きれいかもしれません。庭や公園、道路ぞい、学校などによく植えられ、丸や四角に刈りこまれることが多く、秋は木全体が赤くそまって目立ちます。野生の木は暖かい地方の岩場に生え、非常にめずらしいのですが、植えられた木は都市部でたくさん見られます。枝はまっすぐのびて、規則正しく枝分かれし、その先に5枚前後の葉が集まってつくことが特徴です。ツツジ(P.65)の仲間ですが、花は小さくてかわいらしく、落葉樹で葉も小型です。

見てみよう！ 紅葉の赤と黄色
ドウダンツツジはふつう赤く紅葉するが、黄色く紅葉した葉もある。なぜ赤と黄色があるのだろう？ よく見ると、日なたは赤い葉が多く、日かげは黄色い葉が多いことに気づくだろう。日が当たる場所ほど赤い色素が多く作られるのだ。紫色の葉は、うらにまだ緑色の色素が残っている葉だよ。

樹形 — 丸く刈りこまれたドウダンツツジ。葉は明るい黄緑色で、若い枝は赤みをおびることが多い。

花 — 4月ごろに白いつぼ形の花をぶら下げる。

紅葉 — 秋にまっ赤に紅葉した生垣。

切れこみがない葉
ギザギザ
うすく、明るい緑
交互につく

ポプラ類

英名 Poplar

ヤナギ科の落葉高木(10～35m)
似た種類 シラカバ(P.77)、シナノキ(P.32)など
分布 主にヨーロッパや北アメリカ原産 寒 暖

表

柄の断面は平たい。指でつまむとわかる。

実物大　紅葉

葉は丸みをおびた三角形〜ひし形で、大きさは変化が多い。

にぶいギザギザがある。

イタリアポプラ

日本で「ポプラ」と呼ばれ公園などに植えられる木は、ヨーロッパ原産のイタリアポプラ(別名セイヨウハコヤナギ／西洋箱柳)が多く、のっぽで細長い樹形が特徴です。ただし強風でたおれやすいので、台風の多い西日本ではあまり見かけません。樹形が広がるカロリナポプラ(北アメリカ原産)やほかのポプラ類もときどき植えられていますが、類似種が多く正確な区別は困難です。ポプラ類は、三角形状の葉と平たい柄が特徴で、初夏にヤナギ類(P.27)と同様に白い綿毛につつまれたタネを飛ばします。

聞いてみよう！ 葉がゆれてカラカラ鳴る

ポプラの木のそばで耳をすませてみよう。カラカラと葉っぱがおしゃべりするような音が聞こえるかな？ ポプラ類の葉っぱは、柄(葉柄)が両横から押しつぶされたように平たいので、風を受けてゆれやすく、葉がぶつかりあって音がよく鳴るんだ。ポプラの仲間で北海道〜九州の山地に生えるヤマナラシ(山鳴らし)という木は、葉がゆれて音が鳴ることが名の由来だよ。別名をハコヤナギといい、これは木材で箱を作ったためだ。

ポプラの一種

ヤマナラシの葉

樹形
イタリアポプラの並木。幹の根もと近くから枝が出て、竹ぼうきを逆さにしたような独特の樹形になる。

樹皮
たてにさける種類が多いが、さけない種類もある。

樹形
樹形がやや横に広がったポプラの一種。

ヤナギ類

漢字名 柳　英名 Willow

ヤナギ科の落葉高木〜低木(1〜15m)
似た種類　シダレザクラ(P.18)、モモ(P.19)
分布　北海道〜九州 寒 暖

切れこみがない葉

ギザギザ

うすく、明るい緑

交互につく

実物大

ネコヤナギ

すじはカーブして長くのびる。

表

ネコヤナギの花は2〜4月ごろに咲き、銀色の毛につつまれる。

うら

表

つけ根に小さな葉(托葉)が1対つくことがある。

うらは白っぽい。

シダレヤナギ

くらべてみよう
ユキヤナギ

ヤナギの名がつきますがバラ科の低木で、庭木や生垣にされます。春に、長くのびた枝に雪のような白い花をつけます。葉は細く小型です。

実物大

うら　表

花

ヤナギ類は、細長い葉をつけるものが多く、川や湖、湿地のまわりなど、水辺に好んで生えることが特徴です。日本には20種以上のヤナギ類が見られ、寒い地方ほど数が多く、東京周辺の河原にもカワヤナギ、タチヤナギ、コゴメヤナギ、アカメヤナギなどがよく生えています。一般に「ヤナギ」と呼ばれているのは、中国原産で枝が長くたれるシダレヤナギ(枝垂柳)のことが多く、水辺の公園や庭園、街路樹などに植えられ、高さ10m前後になります。早春にネコの毛につつまれたような花をつけるネコヤナギも、ときどき庭や公園に植えられ、高さは0.5〜2mほどです。

樹形

湖のそばに植えられたシダレヤナギ。長く枝がたれ下がるので、遠くからでも見分けられる。

見てみよう！
タネは"初夏の雪"

木々の若葉がまぶしい5〜6月ごろ、河原などで雪のような白いものがたくさん風にまうことがある。正体はヤナギ類やポプラ類(P.26)のタネだ。これらのタネはふわふわの白い綿毛にくるまれ、風に飛ばされる。これを「柳絮」と呼び、ヤナギ類の多い北国では初夏の風物詩になっているよ。

ネコヤナギの実とタネ

樹皮
シダレヤナギの樹皮。たてにさける。

花
シダレヤナギは春に黄色い穂状の花をつける。

切れこみがない葉 / ギザギザ / うすく、明るい緑 / 対につく

レンギョウ類

漢字名 連翹
英名 Golden bell

モクセイ科の落葉低木(0.5～3m)
似た種類 ウツギ(下)、ムラサキシキブ類(P.30)
分布 中国・朝鮮原産 寒 暖

シナレンギョウ
葉の先半分にするどいギザギザがある。
両面ともすべすべしている。
実物大 表 うら

サクラの花が満開になるころ、あざやかな黄色い花をたくさんつけた低木が目につきます。レンギョウの仲間です。レンギョウ類は庭や公園、道路ぞいなどによく植えられ、葉が広いレンギョウ（中国原産）、葉が細いシナレンギョウ（中国原産）、その中間ぐらいのチョウセンレンギョウ（朝鮮原産）の主に3種類が見られます。シナレンギョウを多く見かけますが、雑種も作られており、区別が難しい場合があるので、一般にはこれらをまとめて「レンギョウ」と呼んでいます。なお、日本でも野生のヤマトレンギョウが岡山・広島県などにまれに生えています。

見てみよう！ 枝の断面で見分ける

シナレンギョウやチョウセンレンギョウは、枝をカッターなどでたてに切ると、断面がはしご状になっていることが特徴だ。これに対して、レンギョウの枝の断面は空洞なので区別できる。なお、どちらも若い枝では中身（髄）がつまっていることが多い。

150% 左はシナレンギョウ、右はレンギョウの枝の断面

樹形
満開のチョウセンレンギョウ。花は3～4月に咲き、遠くからもよく目立つ。枝を長くのばした樹形になる。

くらべてみよう ウツギ

葉がよく似たウツギは、古い枝の中が空っぽになるため「空木」の名があります。アジサイ科の低木で、北海道～九州の山野に生え、ときどき庭や畑に植えられます。

枝の断面 200%
実物大
うら 表
ギザギザは小さい。
ざらつく。
白色で5～7月に咲く。 花

花 花びらは4つにさける。写真はシナレンギョウ。

葉 レンギョウの葉は丸みが強く、まれに3つに分かれる葉も現れる。

ニシキギ

漢字名 錦木　　英名 Winged spindle tree

ニシキギ科の落葉低木(0.5〜2m)
似た種類　ツリバナ、マユミ(下)、ウツギ類(P.28)
分布　北海道〜九州　寒　暖

切れこみがない葉

ギザギザ
うすく、明るい緑
対につく

表　先に近い方で葉の幅が広くなる。

表　ほぼ中央で葉の幅が広くなる。

実物大

ギザギザは細かい。

板のような突起(翼)が枝につくことが多い。

枝は緑色で、板状の突起はない。

くらべてみよう マユミ

同じニシキギ科のマユミは、葉が大きく、枝に翼はなく、実は4つにさけることがちがい。北海道〜九州の山野に生える小高木で、ときどき庭木にされます。

実

庭や公園、道路ぞいなどで生垣にしてよく植えられる木で、最大の特徴は、枝に板のような突起がつくことです。これは「翼」と呼ばれ、ほかの木ではモミジバフウ(P.80)やハルニレ(P.20、翼がつくものはコブニレと呼ばれる)だけで見られるめずらしい特徴です。けれども、雑木林に生える野生のニシキギは、翼がないか、あっても小さくて目立ちません。庭木のニシキギは、翼が特に大きくなるものを選んで植えているのです。名前は、紅葉が着物の錦のように美しいことが由来で、秋は日なたではまっ赤に、日かげではうすいピンク〜レモンイエローに紅葉します。

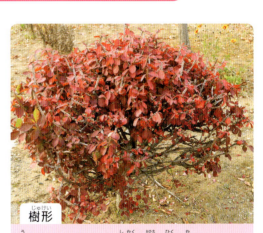

樹形
植えられたニシキギは、四角い形に低く刈りこまれたものが多い。日なたの木は秋に全体が赤く紅葉する。

さわってみよう！ 翼は何のためにある？

ニシキギの枝の翼をさわると、コルク質でかたいことがわかる。枝によっては翼が十字形に4方向につき、枝が曲がりにくい構造になっている。つまり、枝をがんじょうにする役割があるのはたしかだ。けれども、それ以上のことは、実はくわしくわかっていない。

実
秋〜冬に1〜2個にさけ、オレンジ色のタネを出す。

紅葉
枝に翼がない野生の木はコマユミとも呼ばれる。

- 切れこみがない葉
- ギザギザ
- うすく、明るい緑
- 対につく

ガマズミ類

漢字名 莢蒾
英名 Arrowwood

レンプクソウ科の落葉低木(1〜4m)
似た種類 マンサク、ムラサキシキブ類(下)など
分布 北海道〜九州 寒 暖

ギザギザはふつうにぶいが、角ばることもある。

実物大

ガマズミ

表

すじが外側に枝分かれする。

うら

葉の両面や柄、枝に毛が多く、さわるとざらつく。

ガマズミ類は、ムラサキシキブやニシキギ、ウツギの仲間とともに、身近な雑木林でよく見られる低木で、たまに庭木にもされます。初夏に白い花が咲き、秋に赤い実がつくので、低山のハイキングなどでよく目につきます。もっともふつうに見られるガマズミは、葉が直径10cm前後で丸く、さわるとざらつくことが特徴です。ガマズミの仲間には、葉に光沢があってざらつかないミヤマガマズミ、葉が小さなコバノガマズミやオトコヨウゾメ、葉のすじが多くて花がアジサイに似るヤブデマリやオオデマリ、オオカメノキなどがあります。

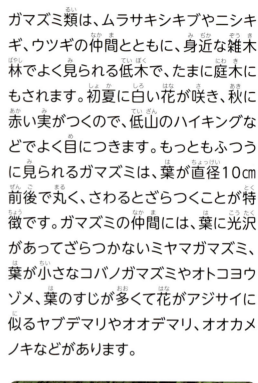

ガマズミ
樹形
花 オオデマリ

花をつけたガマズミ。4〜5月に小さな花が面状に集まって咲く。円内は庭木にされるオオデマリの花。

味見してみよう！
すっぱいけど健康？ ガマズミの実
ガマズミの実は食べられるが、かなりすっぱい。青森県ではマタギ(猟師)の健康食として知られ、ガマズミの実100%のジュースも売られているが、目がさめるほどすっぱい。「酸っぱい実」がガマズミの「酸実」の由来ともいわれる。

くらべてみよう ムラサキシキブ類

コムラサキ

秋に紫色の実がなり、平安時代の女性作家・紫式部の名がついています。葉はガマズミより細く、すじの形もちがいます。シソ科の低木で、ムラサキシキブ、ヤブムラサキ、コムラサキがあり、葉の小さなコムラサキが庭木にされます。

実物大

実 あまみがあり食べられる。
花は初夏に咲く。

実
ガマズミの実。長さ約1cmで秋に赤く熟す。

紅葉
葉がひとまわり小さなコバノガマズミの紅葉。

アジサイ類

漢字名 紫陽花　英名 Hydrangea

アジサイ科の落葉低木(1〜2m)
似た種類　オオデマリ(P.30)、タニウツギ
分布　北海道〜九州・(沖縄)　寒 暖

切れこみがない葉
ギザギザ
うすく、明るい緑
対につく

梅雨のころに咲く青や紫、ピンクの花が華やかで、庭や公園、お寺などによく植えられます。花は枯れた後も枝に残ることが多く、葉も大きいので見分けやすい木です。花は本来、平らに集まって咲き、外側の花が大型化します。この大型の花は虫を呼ぶための飾り(装飾花)で、本物の花は小型で中央に集まります。この様子が額縁に似るので「ガクアジサイ」とも呼ばれ、野生の木は伊豆諸島や房総半島の海辺に生えます。園芸用の品種が多く、すべての花が装飾花になったものや、山地に生えるヤマアジサイとかけ合わせた雑種も多く、これらをまとめて「アジサイ」と呼んでいます。

ガクアジサイ

葉は厚く、光沢が強い。長さは10〜20cm。

表

実物大

葉はうすく、光沢はない。

ヤマアジサイ

葉の長さや幅は変化が多い。

樹形
装飾花ばかりのボール形の花をつけたアジサイ。花は土が酸性なら青、アルカリ性ならピンク色になる。

花　実
ガクアジサイの花。大きな花は装飾花。中央が本物の花。　ヤマアジサイの実と枯れた装飾花。

キケン！ アジサイの葉は有毒

アジサイ類は、葉、根、つぼみなどに毒があるので、食べてはいけない。2008年には、レストランの料理にそえられたアジサイの葉を食べた8人が、はき気や目まいをおこす中毒事故がおきている。

カツラ

漢字名 桂　　英名 Katsura tree

切れこみがない葉 / ギザギザ / うすく、明るい緑 / 対につく

カツラ科の落葉高木(10〜35m)
似た種類　ガマズミ類(P.30)、シナノキ(下)
分布　北海道〜九州 寒

ハート形〜丸い形の葉っぱがかわいい木です。本来は、雪が積もるような寒い山地の谷ぞいに生え、幹の直径が1mを超える大木(P.35)にもなりますが、三角形状の樹形がよく、秋には黄色く紅葉して美しいので、東京などの都市部でも街路樹や公園に植えられています。落ち葉があまい香りを出すため、「香出る」が変化してカツラの名になったといわれ、頭にかぶるかつらとは関係ありません。東北地方ではこの葉からお香や抹香を作ったため、「オコーノキ」「マッコノキ」などの別名もあります。

ギザギザはにぶく、丸みがある。
実物大
葉の先はつき出ない。
うらは白みをおびる。
うら
表
葉は対につき、芽はつめのような形。

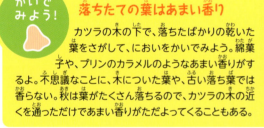

かいでみよう！
落ちたての葉はあまい香り
カツラの木の下で、落ちたばかりの乾いた葉をさがして、においをかいでみよう。綿菓子や、プリンのカラメルのようなあまい香りがするよ。不思議なことに、木についた葉や、古い落ち葉では香らない。秋は葉がたくさん落ちるので、カツラの木の近くを通っただけであまい香りがただよってくることもある。

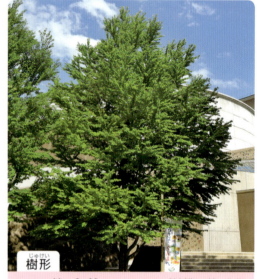

樹形
カツラの若い木。幹はまっすぐのび、三角形に近い樹形になる。大木では幹が何本も生えた樹形が多い。

くらべてみよう シナノキ

先は長くのびる。
実物大
うら
表
芽はあずきのような形。

葉はゆがんだハート形で、カツラとちがい交互につきます。アオイ科の高木で、寒い山地に生え、ときどき街路樹や公園に植えられます。

樹皮
明るい色で、たてによくさける。

葉
黄色く紅葉し始めた葉。対につく様子がわかる。

クサギ

漢字名 臭木　英名 Peanut butter bush

シソ科の落葉小高木(2〜6m)
似た種類　キリ(P.90)、ボタンクサギなど
分布　北海道〜沖縄 寒 暖

切れこみがない葉
ギザギザ
うすく、明るい緑
対につく

道ばたや空き地、林のへりなど、明るい場所によく生える木です。葉は丸みのある大きな三角形で、もんでみてくさければクサギとわかります。独特のにおいなので、一度かいだら忘れないでしょう。また、この木によくつくクサギカメムシという茶色いカメムシは、攻撃されるとクサギと似たにおいのおならをします。真夏の7〜9月には白い花をつけて目立ち、アゲハチョウがみつを吸いによく来ます。秋には、星の形をした赤と青〜黒色の派手な実をつけます。これは、鳥に実を見つけてもらうために、色や形でアピールしていると考えられます。

90%
若い木の葉はギザギザがあるが、大人の木ではなくなる。
表
もむと独特のにおいがする。
柄は長めで、長さ10cm以上にもなる。

樹形
道ばたで花をつけたクサギ。直立した幹から枝をややまばらに横にのばし、大きな葉をつける。

花
長い雄しべと雌しべがつき出て目立つ。

実
赤い星形のガクに、青紫色の果実がのっている。

くらべてみよう
コクサギ
30%
葉をもむとミカンに似た強いにおいがあり、クサギより葉が小さいのでこの名があります。ミカン科の低木で、山地の谷ぞいなどに生えます。
表

かいでみよう！
葉はピーナッツのにおい？
クサギの葉のにおいを「くさくない」と感じる人が、3人に1人はいるようだ。「ピーナッツバターのようないいにおい」と感じる人もおり、欧米では「ピーナッツ・バター・ブッシュ」と呼ばれることもある。日本でも、若葉を山菜として食べることがあるよ。

身近な草と木をくらべてみよう ①

草と木は、何がちがうのでしょう？　背の高さや、寿命をくらべてみましょう。

草は小さい

シロツメクサ （マメ科）

原っぱなどに生えるシロツメクサ（クローバー）は、高さ10㎝ぐらいで、茎の太さは数㎜です。そのほかの草も、多くは高さ2m以下で、茎の太さはふつう3㎝以下です。

木は大きくなる

エノキ （アサ科 P.21）

エノキはふつう高さ15m前後、幹の太さは30㎝以上になります。これは一般的な高木の大きさです。ただし、幼い木や、低木では高さ1m以下のものもあります。

草はすぐ枯れる

ヒマワリ （キク科）

ヒマワリは高さ2mぐらいになり、茎も太さ5㎝ぐらいになります。けれども、秋になると枯れてしまいます。このように、多くの草は一年以内に地上の部分が枯れてしまいます。

木は長生きする

ヒノキ （ヒノキ科 P.124）

木は冬も枯れず、毎年少しずつ幹（茎）が太くなります。幹を切ると年輪と呼ばれる輪があり、年輪を数えると木の年齢（樹齢）がわかります。ヒノキは樹齢1000年にも達します。

日本の樹木ランキング ① 大きくなる木ベスト10

日本で一番大きくなる木は何でしょう？　背が高くなるもの、幹が太くなるもの、枝を大きく広げるものなど、いろいろなくらべ方があるので順位をつけるのは難しいですが、日本の代表的な木のうち、「大きい」というイメージが強い木を、筆者の独断で10種類選んでみました。これ以外にシイ類、カシ類、ブナ、トチノキ、サワグルミ、ムクノキ、エノキ、サクラ類、ヒノキなどもよく大きくなります。

1位 スギ

日本一背が高く、日本一寿命も長く、幹も太くなる。高さは最高で約60m（写真）、20階建てのビルと同じぐらい。→P.122

2位 クスノキ

日本一幹が太くなり、高さも30〜40mになる。日本一太い木は鹿児島県の「蒲生の大クス」（写真）で、太さ約7.7m。→P.62

3位 ケヤキ

高さ30〜40m級のおうぎ形の樹形と、太くなる幹が魅力。山形県東根市にある日本一太いケヤキは、幹の太さが約5m。→P.20

4位 モミ

成長が早く、身近な神社や低い山でも高さ30〜40m級の大木が多く、立派な三角樹形になる。幹は太さ1m前後になる。→P.118

5位 イチョウ

中国の木だが、古くにお寺や神社に植えられたものが多く、大木が多い。高さ30〜40m級、幹の太さは1〜2mになる。→P.93

6位 カツラ

古い木ほど根元からたくさんの幹が出て、独特の姿をした大木になる。数が多い木ではないが、この木を好きな人は多い。→P.32

7位 タブノキ
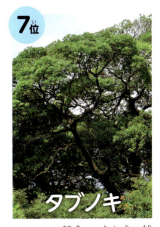
クスノキの仲間で、都市部の森や神社林でも、幹の太さ1m以上、樹高30m級の立派な大木がよく見られる。→P.61

8位 マツ類

アカマツ（写真）、クロマツともに高さ30〜40m級、幹の太さ1m前後になり、幹や枝が曲がった味わいのある大木になる。→P.120

9位 ナラ類

里山に多いコナラやミズナラも立派な大木になる。特に寒地はミズナラの大木が多く、幹の太さ2m（写真）にもなる。→P.14

10位 ガジュマル

屋久島〜沖縄に生えるクワ科の木で、枝から根をたらしてジャングルのようにしげり、どこが幹かわからないほどの大木になる。

切れこみがない葉
ギザギザ
厚く、こい緑
交互につく

ツバキ類

漢字名 椿　英名 Camellia（カメーリア）

ツバキ科の常緑小高木（2〜10m）
似た種類 サザンカ類（P.37）、カシ類（P.38）
分布 本州〜沖縄　暖 寒

実物大　表　ヤブツバキ
- 先はとがる。
- 葉はかたく、光沢が強い。
- うら
- 小さなギザギザがならぶ。
- 枝や柄に毛はない。ユキツバキは柄に毛がある。

名前は「厚葉木」や「艶葉木」に由来するといわれ、厚くてつやのある葉が特徴です。暖かい林にはヤブツバキ（藪椿）がふつうに生え、花は赤色で5枚の花びらが半分ほど開きます。タネからとれる油は「椿油」と呼ばれ、昔から髪や肌にぬる油として使われます。日本海側の雪が多い地域にはユキツバキという別種が生え、幹が地をはう低木で、花が平らに開きます（P.13）。ツバキ類は園芸用の品種も多く、花は赤、ピンク、白、八重咲きなどさまざまで、庭や公園、学校、お寺などによく植えられます。これらをすべてまとめて「ツバキ」と呼んでいます。

味見してみよう！　鳥がみつをすう花

赤い花をつける木は、日本には少ない。理由は赤色が虫に見えにくく、白や黄色の方が虫がよく集まるからだ。赤色がよく見えるのは鳥で、ツバキ類はメジロなどの鳥に花粉を運んでもらう花なのだ。そのため、花はがんじょうにできており、みつもたくさん入っている。花を取れば、うらからみつをすうこともできるよ。

ヤブツバキの花

樹形
花をつけたヤブツバキ。11〜4月にかけて咲き、ピークは春。花びらはばらけず、花ごと落ちる。

くらべてみよう　チャノキ

同じツバキ科で、若葉はお茶の葉に利用されます。中国原産で庭や畑に植えられ、ときどき林に野生化しています。葉はだ円形で、秋にツバキより小さな白い花が咲きます。

若葉

花

実物大
- 先はわずかにくぼむ。
- すじがくぼんで目立つ。

ヤブツバキ　実
直径4〜5cmで赤みをおび、さけてタネを出す。

オトメツバキ　花
品種のオトメツバキの花は八重咲きでピンク色。

サザンカ類

漢字名 山茶花　英名 Sasanqua

ツバキ科の常緑小高木～低木(0.5～7m)
似た種類　ツバキ類(P.36)、ヒサカキ(P.55)
分布　(本州)・四国・九州・沖縄　暖

切れこみがない葉
ギザギザ
厚く、こい緑
交互につく

ツバキを小さくしたような木で、「たきび」の歌にも登場する秋～冬の花の代表種です。四国・九州・沖縄に生える野生のサザンカは、ふつう白い花をつけますが、園芸用の品種はピンクや赤、2色が交じるものなどさまざまな花色があり、本州以南で植えられます。中でも、生垣や庭木、街路樹に多いのが、11～3月に八重咲きの赤い花をつけるカンツバキ(寒椿)という品種です。ほかに、ツバキとサザンカの雑種で12～4月に花が咲くハルサザンカという品種もあります。サザンカ類の花は、ツバキとちがって花びらが1枚ずつ散ります。

サザンカ
細い葉や広い葉がある。
実物大
うら／表
すじの上や柄に毛が少し生える。
枝は毛がやや多く生える。
先はわずかにくぼむ。

カンツバキ
実物大　表
カンツバキの花は12～3月に咲き、平らに開く。
うら
枝はやや太く、毛は少ない。
葉はサザンカよりやや大きく厚い。

樹皮
サザンカ類の樹皮は白くて滑らか。ツバキ類も同じ。

花
本来のサザンカの花は10～12月に咲く。

樹形
花をつけたカンツバキの生垣。サザンカとツバキの中間的な特徴があり、花の色はヤブツバキにそっくり。

見てみよう！　わずかにくぼむ葉先

サザンカやカンツバキは、葉先がわずかにくぼむことがよい見分けポイント。これはほかにチャノキ(P.36)、ヒサカキ(P.55)、ハマヒサカキ(P.77)などでしか見られない、めずらしい特徴だ。

300%　うら
サザンカの葉先

37

切れこみがない葉
ギザギザ
厚く、こい緑
交互につく

カシ類

漢字名 樫
英名 Oak（ナラ・カシ類）

ブナ科の常緑高木(5〜25m)
似た種類 シイ類(P.59)、ナナミノキなど
分布 本州〜沖縄 暖

ギザギザは低い。
表
うら
実物大
うらはやや白く、毛はない。
シラカシ
カシ類の芽は、多くのうろこ状の皮におおわれる。

葉の先半分にあらいギザギザがある。
表
うら
アラカシ
うらはやや灰色をおび、わずかに毛が生える。

カシ類は、暖かい地域の林にふつうに生える木で、秋にどんぐりをつけます。代表的なシラカシ、アラカシをはじめ、ウラジロガシ、アカガシ、イチイガシ、ウバメガシ(P.40)などの種類があります。シラカシは特に関東地方に多く、街路樹や公園、庭にもよく植えられ、木材が白いことが名の由来です。アラカシは西日本に多く、たまに庭木にされ、葉のギザギザがあらいことが名の由来です。シラカシの葉は細長く、アラカシは少し幅広い形です。カシの漢字は木へんに「堅」いと書くように、木材はかたくじょうぶで、スコップなどの道具の柄や、木刀、建築材などに使われます。

樹形　花
ビルの横に植えられたシラカシ。ややたて長の樹形になる。円内はアラカシの花。春に咲く。

さわってみよう！
ギザギザはするどい？
シラカシの葉は、ふちを指でなぞってもギザギザ（鋸歯）がほとんど引っかからない。一方、アラカシやウラジロガシはギザギザがするどいので、指でなぞると刺さりそうになる。ウラジロガシは、シラカシの葉の形によく似るが、うら面が白いロウ物質でおおわれ、指でこするとロウが落ちるよ。

180%
シラカシ　ウラジロガシ

樹皮
暗い色でたてにすじがあるか、全体がざらつく。

実
アラカシのどんぐり。おわんは横しま模様がある。

38

カナメモチ類

漢字名 要黐　別名 アカメモチ(赤芽黐)　英名 Photinia

バラ科の常緑小高木(2〜8m)
似た種類 カシ類(P.38)、シャリンバイ(P.40)
分布 本州〜九州 暖

切れこみがない葉

 ギザギザ
 厚く、こい緑
 交互につく

ギザギザは小さいが、かたくするどい。

表

葉の幅は、少し先に近い方か、中央で最大。

すべて実物大

うら

やや白みをおび、すじが少し見える。

柄にギザギザが少し入りこむ。

カナメモチ

葉はカナメモチよりひとまわり大きく長い。

若葉

レッドロビン

柄はやや長く、ギザギザはない。

赤い若葉でまっ赤にそまった生垣を見たことありませんか？　それはきっとカナメモチの仲間です。この木のかたい木材を扇の「要」(軸の部分)に使ったことが名の由来で、芽が赤いので「赤芽モチ」とも呼ばれます。野生のカナメモチは東海地方〜九州の乾いた林に生え、若葉は少し赤く色づく程度ですが、生垣によく植えられるレッドロビンという品種は、若葉が作り物のようにまっ赤になることが特徴です。レッドロビンは、葉が大きなオオカナメモチとカナメモチから作られた雑種で、「紅カナメモチ」や「西洋カナメモチ」とも呼ばれます。

樹形
春先にまっ赤な若葉をつけたレッドロビンの生垣。四角く刈りこまれることが多い。

見てみよう！　夏や秋も若葉がある!?

カナメモチは、春(3〜5月)に赤い若葉がたくさん出て目立つ。けれども、夏〜秋にも赤い若葉をつけた生垣を見かけることがある。これは、生垣は一年に何度もせん定(枝を切って形をととのえる)されることが多く、そのたびに若葉が生えるためだ。逆にいえば、何度も若葉を出せるほど生命力が強い木が、生垣に選ばれているのである。

レッドロビンの若葉

花
レッドロビンの花。4〜6月に小さな白花が多数咲く。

実
カナメモチの実。直径約5mmで秋に赤く熟す。

39

切れこみがない葉
ギザギザ
厚く、こい緑
交互につく

シャリンバイ

漢字名 車輪梅　　英名 Yeddo hawthorn

バラ科の常緑低木(0.5〜3m)
似た種類　ウバメガシ(下)、トベラ(P.56)など
分布　本州〜沖縄 暖

ギザギザはにぶい。
実物大
表
柄は赤みをおびることもある。
うら
ギザギザがない葉もときどきある。

海岸の林に生える木で、大気汚染に強くてじょうぶなので、道路ぞいや公園、生垣、庭などによく植えられます。葉はだ円形〜ほぼまん丸で、ふつうはふちにギザギザがあります。葉が枝先に集まってつき、車輪のように見え、花がウメに似ることが名の由来です。このような葉のつき方をする木は、庭木にされる常緑樹に多く、ウバメガシ、トベラ、モッコクなどと似てまちがえやすいので、葉のうらなどを確認して見分けましょう。秋にブルーベリーに似た実がなり、一応食べられますが、食べる部分は少なく、特においしくありません。

見てみよう！ 葉のうらで見分ける

シャリンバイの葉のうらは、細かいあみ目模様のすじ(葉脈)が目立つので、よく似たウバメガシやトベラと見分けられる。

樹形
花と若葉をつけたシャリンバイの植えこみ。枝の下の方に、古い葉が赤く紅葉しているのも見える。

実物大
表
ギザギザは低く目立たない。
あみ目は目立たない。
うら
柄に毛がある。

くらべてみよう ウバメガシ

ブナ科の小高木で、よく生垣や庭木にされます。葉はカシ類の中で一番小さく、シャリンバイに似て枝先に集まってつきます。野生の木は海岸近くに生え、秋にどんぐりがなります。

実 実物大

花
白色で4〜5月に咲き、ウメの花に似る。

実
直径約1cmで黒紫色。中のタネは大きい。

ピラカンサ類

学名 Pyracantha　英名 Pyracantha

バラ科の常緑低木(1.5〜4m)
似た種類　ザクロ(P.73)、ボケ(P.76)など
分布　西アジア〜中国原産　暖

切れこみがない葉
ギザギザ
厚く、こい緑
交互につく

タチバナモドキ
- 長くのびた枝の葉は小さい。
- ギザギザはないことが多い。
- 表
- うら
- 葉うらや枝に毛はない。
- タチバナモドキは、葉うらや枝に白い毛が多く生える。

カザンデマリ
- ギザギザがある。
- 表
- 枝先はトゲになる。
- うら
- 短い枝に葉がたばになってつく。

実物大

ピラカンサ類は、秋〜冬に赤やオレンジ色の実をつけてよく目立つ木で、細い葉がたばになってつき、枝や幹にトゲがあることが特徴です。トキワサンザシ(常磐山査子)、カザンデマリ(花山手毬／別名ヒマラヤトキワサンザシ)、タチバナモドキ(橘擬)の主に3種がありますが、雑種も作られており、タチバナモドキ以外は区別しにくいようです。よく庭木にされ、防犯効果が高い(トゲが多いので人が通れない)ので生垣にも使われます。鳥がタネを運び、庭や道ばた、河原などに生えてくることもあります。

樹形／トゲ
枝にびっしりと赤い実をつけたカザンデマリ。不ぞろいな樹形で、枝をややたれ気味にのばす。

キケン？　ピラカンサの実は有毒？

ピラカンサ類の実は毒がある、ともいわれるが、筆者は子どもの時に何度も平気で食べており、うすいリンゴの味がするのを知っている。ウメやモモをふくむバラ科の木は、未熟な実やタネに弱い毒分をふくむものが多いことが知られており、ピラカンサ類も同じだろう。海外ではジャムを作っている例もあるようだ。ただし、何の植物でも大量に食べるのは体によくないし、変な味がしたらすぐはき出すことも大事である。

カザンデマリの実は赤い。

実
タチバナモドキの実はオレンジ色。ほか2種は赤色。

花
5〜6月に直径1cmほどの白い花が咲く。

41

ビワ

漢字名 枇杷
英名 Loquat（ロークワッ(トゥ)）

切れこみがない葉 / ギザギザ / 厚く、こい緑 / 交互につく

バラ科の常緑小高木（3〜8m）
似た種類：タイサンボク(P.58)、サンゴジュ(P.47)
分布：中国原産　暖

葉は長さ20㎝前後と大きく暗い色で、ごわごわしてかたく、うらはもじゃもじゃの毛におおわれているので、見分けやすい木です。実の形が楽器の「琵琶」に似ていることが名の由来といわれます。果樹として庭や畑に植えられるほか、ときどき森の中に野生化していることもあります。おそらくカラスやタヌキ、ハクビシンなどの動物がタネごと実を飲みこみ、フンをした場所から芽が生えてくるのでしょう。冬に花が咲く数少ない木で、寒さに強いハエやアブが花によく集まります。葉はお茶をはじめ、お灸や湿布などに使われることもあります。

うら／表／実物大
先はふつうとがる。
すじがしわになりよく目立つ。
うらは毛が密に生える。
柄は短い。

葉うらのもじゃもじゃ毛
ビワは、葉のうら、若葉、花のガク、実の表面など、あらゆる部分に毛が多いことが特徴だ。特に葉のうらの毛は、セーターのようにもじゃもじゃだよ。

200%　さわってみよう！　葉のうら

樹形：畑に植えられたビワ。枝の先に大きな葉が集まってつき、花が咲いている。

花：11〜2月に白い花が咲く。ガクは毛におおわれ茶色。

実：6月ごろにこい黄色に熟し、あまくておいしい。

タラヨウ

漢字名 多羅葉　別名 ハガキノキ（葉書の木）

モチノキ科の常緑小高木（4〜12m）
似た種類　バクチノキ、カンザブロウノキ
分布　本州〜九州 暖

切れこみがない葉
ギザギザ
厚く、こい緑
交互につく

葉のうらに字が書けるユニークな木です。木の棒やつまようじなどで葉のうらを傷つけると、数分で黒茶色になり、何年も消えずに残ります。そのため、インドで葉にお経を書いた多羅樹（ヤシの仲間）の名をとって「多羅葉」の名がついたといわれ、お寺にときどき植えられています。また、「葉書の木」とも呼ばれることから郵便局の木に指定されており、大きな郵便局によく植えられています。葉は長さ10〜20cm前後で大きくてかたく、うらはのっぺりしていることが特徴です。野生の木は、東海地方〜九州の渓谷の林にまれに生えます。

実物大
ノコギリのようにかたくするどいギザギザがある。
表
うら
すじはほとんど見えず、毛もない。
うらに傷をつけると、茶色く浮かびあがる。

樹形
郵便局に植えられたタラヨウ。郵便局員さんに相談し、葉に宛先を書いて切手をはれば、配達もしてくれる。

花
5〜6月ごろに黄緑色の花が集まって咲く。

実
メスの木は秋に直径8mmの赤い実がびっしりつく。

やってみよう！ タラヨウの手紙

タラヨウの木を見つけたら、葉のうらに字が書かれていないか、さがしてみよう。タラヨウの葉は枝に3〜4年残っているので、3〜4年前の日付が書かれたメッセージが見つかることもあるよ。そして、君も何かメッセージを書いてみよう。

43

切れこみがない葉
ギザギザ
厚く、こい緑
交互につく

イヌツゲ

漢字名 犬黄楊・犬柘植
英名 Box-leaved holly

モチノキ科の常緑低木(0.5～5m)
似た種類 ツゲ(下)、ハクチョウゲ(下)、ツツジ類(P.65)
分布 北海道～九州 暖 寒

葉は交互につく。
すべて実物大
すじはほとんど見えない。
うら
葉が大きなものもある。
表
低いギザギザがある。
マメツゲは葉がそる。
表

長さ1～3㎝ほどの小さな葉が特徴で、四角や丸などの形に刈りこんでよく植えられる木です。動物の形に刈りこまれることもあります。葉が丸くそるものはマメツゲと呼ばれる品種で、これもしばしば植えられます。よく似た別種のツゲ(別名ホンツゲ)は、葉が対につき、ギザギザがないことがちがいです。「イヌ」の名は「劣る」「にせもの」という意味ですが、よく植えられているのはイヌツゲの方です。同じく庭や公園に植えられるハクチョウゲやアベリアも葉が小型で似ていますが、葉のつき方やギザギザの有無を見れば区別できます。

やってみよう！ 虫こぶを切ってみよう

イヌツゲの枝に、実とは少しちがう1㎝ぐらいの緑～赤茶色の玉がついていたら、それは「虫こぶ」だ。イヌツゲタマバエという小さなハエが寄生してできたこぶで、切ると中に黄色い幼虫が何匹か入っている。ハエは成虫になると、こぶに穴をあけて出ていくよ。

樹形
枝ごとに丸く刈りこまれたイヌツゲの庭木。放置すれば枝がのびて乱れた樹形になる。

くらべてみよう

ツゲ
葉は対につき、ギザギザはなく、実は茶色で角があります。ツゲ科で本州～九州に分布。

先は少しくぼむか、丸い。
表

ボックスウッド
ツゲの品種で、葉がやや大きく丸く、明るい黄緑色です。
表

すべて実物大

アベリア
葉は対につき、ギザギザがあり、花は白～うすいピンクです。スイカズラ科で中国原産。
実はプロペラ形。
うら

ハクチョウゲ
葉は対につき、ギザギザはなく、花は白～うす紫。アカネ科で中国原産。
白い模様(斑)が入るものが多い。
表

実
秋に直径5～8㎜の黒い実がなる。花は黄緑色。

樹形
四角く刈りこまれたイヌツゲの生垣。

マサキ

漢字名 柾・正木
英名 Japanese spindle

ニシキギ科の常緑低木(1〜5m)
似た種類 シャリンバイ(P.40)、ツルマサキ
分布 北海道〜沖縄 暖

切れこみがない葉
ギザギザ
厚く、こい緑
対につく

ギザギザのあるだ円形の葉で、パッと見はシャリンバイやウバメガシなどにも似ていますが、葉が対につくことが大きなちがいなので、葉のつき方を確認すれば確実に見分けられます。昔から生垣によく使われる木ですが、虫や病気が発生しやすいせいか、最近は少し減りました。葉が一年じゅう青々としげっていることから、「真青木」と呼ばれていたのが変化して「マサキ」になったともいわれます。園芸用の品種も多く、葉全体が黄色くなる「黄金マサキ」や、葉に模様(斑)が入る品種も植えられています。野生のマサキは海岸の林に生えます。

実物大
表
うら
すじはあまり見えない。
表は光沢が強い。
葉は対につき、枝は緑色。

見てみよう！
金や銀の「斑」が入る葉
葉にときどきできる白や黄色などの模様を「斑」といい、斑があるものを「斑入り」という。斑入りの葉は正常ではないけど、見た目が美しいので園芸的には価値がある。マサキは斑入りの品種が多く、葉の周囲が黄色いものは「金マサキ」、白いものは「銀マサキ」と呼ばれているよ。

上は金マサキ、左は銀マサキ。

樹形
左半分はふつうのマサキの生垣、右半分は葉が黄色い黄金マサキの生垣。

くらべてみよう
センリョウ
マサキと同様に葉はギザギザがあり対につきますが、ずっと大きくて長い葉です。秋〜冬に赤い実がつき、お正月の飾りにも使われます。センリョウ科の低木で本州〜沖縄に分布し、よく庭木にされます。

樹皮
樹皮はやや黒っぽく、たてにすじが入る。

実
秋〜冬に赤い実が4つにさけ、タネが出る。

実
枝先に4枚の葉が集まる。

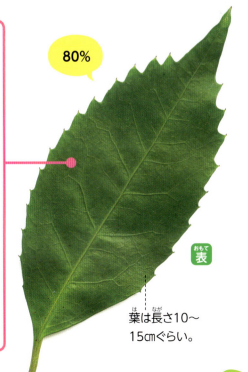
80%
おもて表
葉は長さ10〜15cmぐらい。

45

切れこみがない葉
ギザギザ
厚く、こい緑
対につく

アオキ

漢字名 青木　　別名 アオキバ(青木葉)

アオキ科の常緑低木(1〜3m)
似た種類　センリョウ(P.45)、サンゴジュ(P.47)
分布　北海道〜沖縄　暖 寒

実物大　表

ギザギザが大きいもの、小さいものがある。

うら

両面とも毛はない。葉の長さは15〜20cm前後。

枝も緑色で光沢がある。

暗い林の中によく生える木で、テカテカした大きな葉が目立ち、一年じゅう枝葉が青々としげっていることが名の由来です。ほかの木があまり育たない暗い場所でもよく育つので、日かげの庭や公園によく植えられます。葉に白や黄色の模様(斑)が入る園芸用の品種も多く、それらを「斑入りアオキ」と呼びます。オスの木(雄株)とメスの木(雌株)があり、メスの木は冬〜春に赤い実をつけてよく目立ちます。鳥がアオキの実をよく食べてタネを運ぶので、都会の林にもよく生えており、林の中に斑入りアオキが生えてくることもあります。

樹形
根元から複数の幹を出す樹形が多い。雪が多い地方では幹が地をはって葉が小型化し、ヒメアオキと呼ばれる。

花
暗い紫色で春に咲く。写真は斑入りアオキの雄花。

実
12〜5月ごろに長さ2cm前後の赤い実をつける。

聞いてみよう！

葉を火であぶると・・・パンッ！
アオキの葉をうら返しに持って、下から火であぶってみよう。うら面の皮がふくらんでパンッ！と破裂する。昔はその破れた皮を取って、傷口やヤケドに貼り、ばんそうこうのように使ったという。
※火を使う時は必ず大人の人といっしょにやりましょう。

サンゴジュ

漢字名 珊瑚樹　　英名 Sweet arrowwood

レンプクソウ科の常緑小高木(2〜10m)
似た種類 ビワ(P.42)、マテバシイ(P.60)
分布 本州〜沖縄 暖

切れこみがない葉

ギザギザ / 厚く、こい緑 / 対につく

夏〜秋に、赤いサンゴのような実をたくさんぶら下げることが名の由来です。葉はだ円形で、対につくことや、柄が茶色いことが特徴です。葉が厚く、水分を多くふくんで燃えにくいため、火事の火が燃え広がるのを防ぐ効果が高く、昔から家のまわりに生垣や庭木として植えられてきました。このような木を「防火樹」と呼び、1995年の阪神・淡路大震災の時も、クスノキなどの街路樹や公園の木が、火事が広がるのを防いだことが知られています。野生のサンゴジュは、暖かい海岸近くの林に生えます。

実物大　表　うら

ギザギザは低くにぶいか、ほとんどないこともある。

すじの分かれ目に、「ダニ部屋」が見える。

柄は茶色か赤みをおびる。

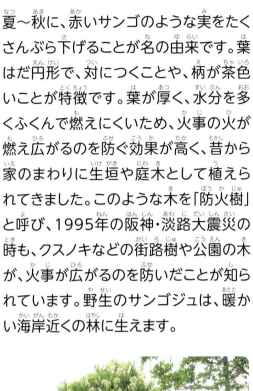

樹形 / **花**
樹形は三角形に近く、大きな葉が密集する。幹は根元から何本も出ることが多い。6月に白い花をつける。

樹皮
さけ目はなく、小さなイボ(皮目)が散らばる。

実
8〜10月にまっ赤な実がなり、やがて黒くなる。

見てみよう！ ダニのすむ部屋をさがせ

サンゴジュの葉をよく見ると、まん中のすじが横に枝分かれする所に、1㎜ぐらいのふくらみが見えることがある。葉のうら側から虫メガネなどで見ると、その部分に穴があいていて、入口に毛が生えているのがわかる。これは「ダニ部屋」と呼ばれ、中にダニがすんでいるよ。ダニ部屋はクスノキやゲッケイジュ(いずれもP.62)にも見られる不思議な特徴だ。

300%　葉のうらから見たダニ部屋

47

ヒイラギ類

切れこみがない葉 / ギザギザ / 厚く、こい緑 / 対につく

漢字名 柊　英名 False holly

モクセイ科の常緑小高木（2〜7m）
似た種類　ヒイラギモチ（下）、ヒイラギナンテン（下）
分布　本州〜沖縄　暖

ヒイラギ／トゲはふつう3〜6対。／トゲはやや小さく、ふつう6〜10対。／表／うら／実物大／葉は対につく。／トゲのない葉もある。／ヒイラギモクセイ

ヒイラギは、トゲ（ギザギザ）のあるかたい葉が特徴で、さわるととても痛いので、魔よけの木として昔から庭木や生垣にされます。雑木林にも生え、メスの木は黒紫色の実をつけます。よく似た中国原産の木がいくつかあります。ヒイラギモクセイは、ヒイラギとギンモクセイ（P.49）の雑種で、葉がひとまわり大きく、ヒイラギよりむしろ多く植えられています。ヒイラギモチは、秋に赤い実がつき、「ホーリー」と呼ばれクリスマス飾りによく使われます。ヒイラギナンテンは、トゲのある葉（小葉）がはね形にならんだ葉で、庭や公園によく植えられます。

くらべてみよう

ヒイラギモチ　葉は交互につき、花は黄緑色、実は赤色。モチノキ科の低木で中国原産。別名シナヒイラギ。／葉は四角形に近く、トゲはふつう1〜3対。／表／60%

ヒイラギナンテン　花は黄色、実は黒紫色。メギ科の低木で中国原産。／30%／ヒイラギに似た葉が5〜9対ならび、1枚のはね形の葉をつくる。

樹皮　ヒイラギの幹。白っぽく、イボ状の点（皮目）がある。

花　ヒイラギの花。ときどき六角形状の葉もある。

樹形／実　ヒイラギモクセイの庭木。丸く刈りこまれることが多い。円内はヒイラギの実で、6月ごろに黒紫色に熟す。

さわってみよう！

大きくなるとトゲがなくなる

トゲは何のためにあるのだろう？　トゲをさわるととても痛い。そう、ウサギやシカなどの草食動物に食べられないように身を守っているんだ。その証拠に、ヒイラギ類やヒイラギモチは、動物が届かないぐらい大きくなると、トゲのない葉が増えるよ。

トゲの少ないヒイラギ。

モクセイ類

漢字名 木犀　英名 Fragrant olive

モクセイ科の常緑小高木(2〜7m)
似た種類 ヒイラギモクセイ(P.48)、カシ類(P.38)
分布 中国原産 暖

切れこみがない葉

- ギザギザ
- 厚く、こい緑
- 対につく

キンモクセイ

ギザギザが少しある葉と、ない葉がある。

うら　表

実物大

ギンモクセイ

表　うら

ふつうは全体にギザギザがある。

キンモクセイより葉の幅が広い。

葉はかたく、すじがくぼんでしわになる。

ギンモクセイの花

「モクセイ」と呼ばれる木には、花がオレンジ色のキンモクセイ(金木犀)、白色のギンモクセイ(銀木犀)、うすい黄色のウスギモクセイ(薄黄木犀)の3種類(変種)があります。中でもキンモクセイは、秋に香水のように強くあまい香りの花をつけるので、春に咲くジンチョウゲ(P.51)、初夏のクチナシ(P.51)とともに「三大香木」と呼ばれ、庭、公園、生垣などによく植えられます。不思議なことに日本にあるのはオスの木ばかりで、メスの木がないので実がなりません。ときどき植えられるギンモクセイやウスギモクセイは、メスの木があり、春に黒紫色の実がなります。

樹形

花をつけた公園のキンモクセイ。じょうぶな木で、写真のように丸や四角に刈りこまれることが多い。

かいでみよう！

香りで気づく花

9〜10月ごろ、住宅街や公園を歩いていると、あまい香りがただよってくることがある。あたりをさがすと10mも先にキンモクセイが咲いていた、ということもある。ウスギモクセイ(葉はキンモクセイと同じ)やギンモクセイの花の香りは、これほど強くないよ。

キンモクセイの花。
ウスギモクセイの花。

樹皮

白っぽく、ひし形の模様(皮目)がある。

花

キンモクセイの花。この色を金色にたとえた。

切れこみがない葉
なめらか
厚く、こい緑
対につく

ネズミモチ類

漢字名 鼠黐　別名 タマツバキ(玉椿)　英名 Glossy Privet

モクセイ科の常緑低木〜小高木(1.5〜8m)
似た種類　モチノキ(P.54)、ギンバイカなど
分布　本州〜沖縄　暖

ネズミモチ　表

葉を光にかざし、すじが見えないのがネズミモチ(左)、すけて見えるのがトウネズミモチ(右)。

実物大

葉は対につき、枝に白い点々(皮目)がある。

うら

トウネズミモチ　表

トウネズミモチの実は丸い。

葉はネズミモチより大きく、クロガネモチの葉に似ている。

うら

葉はモチノキ科のモチノキに似てのっぺりしていますが、対につくことがちがいです。ネズミモチをふくむモクセイ科の木は葉が対につき、モチノキ科の木は葉が交互につくので、科ごとの特徴を覚えるとよいでしょう。秋〜冬につく黒紫色の実が、ネズミのフンに似ることが名の由来です。暖かい地方の林によく生え、生垣や庭、公園にも植えられます。同じ仲間で中国原産のトウネズミモチ(唐鼠黐)は、葉や木がひとまわり大きく、葉のすじ(葉脈)がすけて見えることがちがいで、公園や生垣に植えられ、鳥がタネを運んで、庭先や道ばたにもよく生えてきます。

花
花を咲かせた生垣のネズミモチ。5〜6月ごろに小さな白い花を穂状につける。

かいでみよう！　葉のにおいは青リンゴ？ サトウキビ？

ネズミモチやトウネズミモチの葉をちぎってにおいをかぐと、青リンゴの香りがするという人がいる。沖縄ではネズミモチを「サーターギー(砂糖の木)」と呼んでおり、これは葉がサトウキビのにおいがするためだ。筆者は、サトウキビの茎をかじって、「なるほど似ている！」と思ったのだが、青リンゴの香りとは思わない。においの感じ方は個人差が大きく、何もにおいを感じないという人もいる。

サトウキビ

樹皮
白っぽい色で、小さなぶつぶつ(皮目)が散らばる。

実
ネズミモチの実は、長さ約1cmのだ円形。

クチナシ

漢字名 梔子・山梔子　英名 Gardenia

アカネ科の常緑低木(1〜3m)
似た種類 ヒメクチナシ、マテバシイ(P.60)
分布 本州〜沖縄 暖

切れこみがない葉

なめらか
厚く、こい緑
対につく

初夏の6〜7月に風車のような白い花をつけ、上品なあまい香りをただよわせる木です。その香りの強さから、春に咲くジンチョウゲ(下)、秋に咲くキンモクセイ(P.49)とともに「三大香木」と呼ばれることもあります。実は断面が六角形のユニークな形で、黄色の天然着色料としてお菓子などの食品によく使われるので、「クチナシ色素」という原材料表示を見たことがある人も多いでしょう。この実は熟しても口が開かないことから、「口無し」の名がついたといわれます。庭や公園、生垣などによく植えられ、野生の木は東海地方から西の林に生えます。

実物大

八重クチナシの葉。やや大きい。

うら

表

平行にならぶすじがくぼんで見える。

枝先の芽はとがる。

枝をまく筒(托葉)がある。1カ所に3枚の葉がつくことも多い。

樹形
八重咲きの品種は「八重クチナシ」と呼ばれ、花も葉も大きく、実はならない。茶色く枯れた花も目立つ。

やってみよう！　食べ物を黄色くそめてみよう
クチナシの実をくだいてお茶パックなどに入れ、水につけると黄色くそまる。この水で栗きんとんを作ると鮮やかな黄色になり、ご飯を炊くと「黄飯」と呼ばれる黄色いご飯(写真)ができるよ。

花
花びらはふつう6枚あり、古い花はうす黄色になる。

実
秋〜冬にオレンジ色に熟し、先に6本のガクがつく。

くらべてみよう
ジンチョウゲ
中国原産の低木で、庭や公園に植えられます。3〜4月にうすいピンク〜白色の花をつけ、とてもよい香りをはなちます。葉は交互につき、枝先に集まります。

花

70%
先に近い方で幅広くなる。
表
うら
枝はつやがあり、ちぎれにくい。

51

切れこみがない葉
なめらか
厚く、こい緑
対につく

キョウチクトウ

漢字名 夾竹桃　英名 Oleander

キョウチクトウ科の常緑低木(2〜5m)

似た種類 シャクナゲ、ミミズバイ

分布 ヨーロッパ〜インド原産 暖

葉は長さ10〜25cmで、ゴムのようなペラペラした質感。

実物大

表

たくさんの細いすじが平行にならぶ。

うら

枝や葉の切り口から出るしるは有毒で、皮ふにつくとかぶれることがある。

1カ所に3枚の葉がつく。これはほかの木ではあまり見られないめずらしい特徴。

真夏にピンクや白の花を咲かせ、よく目立つ木です。タケのように葉が細長く、モモのような花をつけることから「夾竹桃」の名がついたといわれ、木の根元から枝葉をよく出す樹形も特徴です。大気汚染に強く、じょうぶな木なので、庭や公園、街路樹などによく植えられ、高速道路ぞいや工場の周辺にも多く植えられています。一方で、木全体に強い毒をふくむことはあまり知られていないので、枝葉を口にしたり、料理に使ったりしないよう注意が必要です。キョウチクトウ科の植物(テイカカズラなど)は多くが有毒植物です。

樹形

八重咲きのピンクの花をつけたキョウチクトウ。上向きにつく細長い葉が特徴。花は長い間咲き続ける。

キケン！ キョウチクトウの毒による事故

キョウチクトウを口にすると、吐いたり、目まいや下痢をおこしたりして、死ぬこともある。1975年、フランスでバーベキューのくしにキョウチクトウを使った男女7人が死亡した事故が有名で、日本でもキョウチクトウをはし代わりに使って中毒をおこした例や、3〜5枚の葉を食べた小学生2人が入院した事故が知られている。一方、広島市では原爆投下後にいち早く咲いた木として市の花に指定されており、中国でも邪気をはらう木としてお寺に植えられるなど、大切にしている地域もある。

樹皮

茶色でさけ目はない。複数の幹が出ることが多い。

花

6〜9月ごろ、5枚の花びらが風車のように開く。

覚えておこう！ 危険な有毒樹木

主な有毒の木は以下の10種類。めずらしいドクウツギやヒョウタンボク以外は、市街地や学校で見かけてもおかしくありません。ほかに毒の草（ヨウシュヤマゴボウなど）もあるので注意しましょう。

ウルシ類
樹液がつくとかぶれる。→P.104〜105

キョウチクトウ
全体に強い毒がある。→P.52

シキミ
花は春に咲く。

マツブサ科の常緑小高木で、本州〜沖縄の山地に生え、墓地やお寺によく植えられる。秋に熟す実に毒が多く、タネをシイの実とまちがえて食べた事故がある。葉は交互について枝先に集まり、ギザギザはなく、ちぎるとあまい香りがある。

40%
実／表／うら
実は香辛料の八角に似る。

アジサイ
葉などを食べると中毒をおこす。→P.31

チョウセンアサガオ類
ナス科の常緑低木。熱帯地方原産で種類が多く、庭木にされ、たまに道ばたなどに野生化。全体が有毒で、ゴボウやオクラとまちがえて食べた事故がある。葉は10〜30cmで交互につき、ギザギザはないか少しある。

花
巨大なラッパ形で白〜オレンジ。

アセビ
実は約5mm。

ツツジ科の常緑低木で、本州〜九州の山地に生え、庭や公園に植えられる。木全体にやや毒があり、葉や実は殺虫剤に使われ、家畜の中毒事故が多い。葉は交互について枝先に集まり、小さなギザギザがある。

40%
表／うら／花
白〜ピンク色で春に咲く。

ミヤマシキミ
ミカン科の常緑低木で、北海道〜沖縄の山地に生え、時に鉢植えにされる。春に白い花が咲き、秋〜春に赤い実をつける。全体が有毒で食べると中毒をおこす。葉は交互について枝先に集まり、ちぎると香りがある。

実
葉にギザギザはない。

ドクウツギ
ドクウツギ科の落葉低木で、北海道〜近畿地方の山地や原野に生える。実は夏に赤〜黒紫色に熟し有毒。昔は子どもが食べて死亡する事故も多かったというが、現在は駆除が進んでいる。葉にギザギザはない。

実
葉は3本のすじが目立つ。

ツツジ類
ツツジ類(P.65)は木全体に毒分をふくむものが多く、花のみつにも毒がふくまれることがあるので注意。特に寒地の庭や公園、山野に見られるレンゲツツジや、庭木にされる常緑樹のシャクナゲ類は毒分が強い。

花
春に咲いたレンゲツツジ。

ヒョウタンボク類
スイカズラ科の落葉低木で種類が多く、北海道〜九州の山野にまれに生える。夏にヒョウタン形の赤い実がなり、おいしそうだが有毒で、食べると死ぬこともある。花はふつう白。葉は対につき、ギザギザはない。

実
2個の実がつながる。

モチノキ類

切れこみがない葉 / なめらか / 厚く、こい緑 / 交互につく

漢字名 黐の木　英名 Holly

モチノキ科の常緑小高木(3〜12m)
似た種類　シキミ(P.53)、ネズミモチ(P.50)など
分布　本州〜沖縄　暖

モチノキ、クロガネモチ(黒鉄黐)、ソヨゴ(冬青)などのモチノキ類は、のっぺりしただ円形の葉で、メスの木は秋〜冬に赤い実がつくことが特徴です。クロガネモチは柄や枝が黒っぽくなることが名の由来で、実や樹形が美しいので特に西日本で庭や公園によく植えられ、低地の林にも生えます。関東地方では庭木も林にもモチノキの方が多く、葉はクロガネモチより細く、実は大きめです。ソヨゴは西日本のマツ林などに生え、ときどき庭木にされます。3種とも、幼い木や、枝を切られた場所から生えた葉では、ギザギザが出ることがあります。

クロガネモチ
- 実物大
- 先はとがる。
- 幼い木の葉ではギザギザが出る。
- 表 / うら
- 両面ともすじが少し見える。
- 柄が赤紫〜黒色をおびることが多い。

モチノキ
- 表
- 先はにぶい。
- 幼い木の葉ではギザギザが出る。
- うら
- すじはほとんど見えない。

実は直径約1cmでまばらにつく。

ソヨゴ
- 実物大
- 葉は小判形で、ふちが波打つ。すじは見える。
- 表

実は柄が長い。

見てみよう！ すすのように黒く汚れた葉
モチノキ類は、黒い汚れがついた葉がときどき見られる。これは「すす病」といい、アブラムシやカイガラムシの排泄物にカビが生えた病気で、広がると光合成ができずに木が弱ってしまう。

樹形　実をつけたクロガネモチ。「モチ」の名は樹皮から鳥もち(鳥や虫を捕まえるための粘液)を作ったことに由来。

樹皮　モチノキ類の樹皮は、いずれも白っぽくなめらか。写真はモチノキ。

実　クロガネモチの実は直径約6mmで密集してつく。

サカキ

漢字名 榊　別名 ホンサカキ(本榊)・マサカキ(真榊)

	サカキ科の常緑小高木(3〜10m)
似た種類	モチノキ(P.54)、イスノキなど
分布	本州〜沖縄 暖

切れこみがない葉

なめらか

厚く、こい緑

交互につく

神様にお供えする神聖な木とされ、神社の境内によく植えられています。家庭にある神棚や、お墓に供えることもあるので、スーパーや園芸店でもサカキの枝葉がよく売られています。葉はモチノキを長くした印象で、枝先にツメのような長い芽があることが特徴です。野生のサカキは海に近い暖かい林に生え、寒い地方では育たないため、関東地方や東北地方では、より寒い場所にも育つヒサカキ(姫榊)が代わりによく使われます。ヒサカキも「サカキ」と呼ばれることがありますが、葉のふちにギザギザがあることが大きなちがいです。

実物大 / うら / 表

うらのすじはほとんど見えない。

枝先の芽は長く、ツメのように曲がって目立つ。

樹形

神社の建物の横に植えられていることが多い。幹はまっすぐのび、枝を横にのばす。

くらべてみよう ヒサカキ

サカキにくらべ葉が小さいので「姫サカキ」とも呼ばれます。本州〜沖縄の山野に生え、神社や生垣に植えられます。実は直径5mm前後です。

実物大 / 表 / うら

うらはあみ目模様が見える。
先はわずかにくぼむ。
芽は短いツメの形。
ギザギザがある。

花
春に咲き、ガスに似たにおいがする。

樹皮
なめらかでオレンジ色をおびる。

実
秋〜冬に黒く熟し、直径8mm前後。

見てみよう！ 神様に供える枝「玉串」

サカキ(やヒサカキ)は、神社でのお祈りや祭りなどに必ずと言っていいほど使われる大事な木だ。サカキの枝に、白い半紙の飾り(紙垂)や、アサやコウゾ(P.83)の繊維をつけたものを「玉串」といい、神様の前にお供えするほか、鳥居などに飾られることもあるので、さがしてみよう。

切れこみがない葉
なめらか
厚く、こい緑
交互につく

トベラ

漢字名 扉　　別名 トビラノキ(扉の木)

トベラ科の常緑低木(0.5〜3m)
似た種類　モッコク(下)、シャリンバイ(P.40)など
分布　本州〜沖縄　暖

実物大
先に近い方で葉の幅が広くなり、先は丸い。
細かいあみ目が少し見える。
表
うら
うら
ふちが丸まる葉も多い。

ヘラのような葉が枝先に集まってつき、日なたの葉はふちがうら側へ巻くことが特徴的です。日かげの葉は巻かず、大型化する傾向があります。枝葉をちぎると、ややくさいにおいがするため、節分の日に鬼よけとして玄関の扉に飾る風習があることが名の由来です。海岸近くの林や岩場にふつうに生え、大気汚染に強く、香りのよい花が咲くので、都市部の道路ぞいや公園などにも植えられます。実は熟すとさけて、納豆のようにネバネバした赤いタネを出し、鳥の体にくっついて遠くに運ばれることもあるようです。

かいでみよう！ 鬼もいやがるほどくさい？

トベラの枝を折ると、少しツンとするにおいがある。鬼がいやがるほどくさいとは思わないが、鬼よけとして、くさみのあるイワシの頭や、トゲのあるヒイラギ、タラノキといっしょに扉にかざる地域があるよ。

表　実物大　うら
あみ目はあまり見えない。

くらべてみよう
モッコク

トベラと似て、ヘラ形の葉が枝先に集まってつきますが、柄が赤いことがよい区別点です。サカキ科の小高木で、樹形がととのうので庭や公園に植えられ、海辺の林にも生えます。秋に赤〜茶色の実がなり、冬は赤くなる葉もあります。

実

樹形
トベラは根元近くから枝分かれし、半球形の樹形になる。日当たりのよい場所の葉は丸まる。

花
4〜6月に咲き、白色からうすい黄色に変わる。

実
直径1〜2cmで秋〜冬に3つにさけてタネを出す。

ヤマモモ

漢字名 山桃　英名 Red bayberry

ヤマモモ科の常緑高木(4〜15m)
似た種類 ホルトノキ(下)、イチゴノキ
分布 本州〜沖縄 暖

切れこみがない葉

- なめらか
- 厚く、こい緑
- 交互につく

初夏にみずみずしい赤い実をつけ、あまずっぱくて食べられますが、モモ(P.19)とはまったく別の仲間です。千葉県から西側の暖かい林に生え、じょうぶな性質で樹形がととのうので、庭や公園、街路樹にもよく植えられています。細長い葉が枝先に集まってつき、ふつうギザギザはありませんが、若い木や日かげの枝では、少しギザギザがある葉もまじります。高さ50cm以下ぐらいの幼い木では、さらにするどいギザギザのある葉が見られます。同じく街路樹にされるホルトノキは、葉や木の姿がとても似ており、よくまちがえられます。

うら／ときどき少数のギザギザがある。／先に近い方で葉の幅が広くなる。／実物大／表／ふつうギザギザはない。

樹形　葉を密につけ、こんもり丸い樹形になる。赤茶色の雄花が咲いているが目立たない。花は4〜5月に咲く。

樹皮　白っぽくなめらか。少しイボやたてすじがある。

実　6〜7月に直径1〜2cmの赤い実がなる。

味見してみよう！ 実のなる木をさがそう

ヤマモモの実はおいしく、ジャムや砂糖漬けにもされる。ただ、実はメスの木しかならず、2週間ぐらいで落ちてしまうし、街路樹はオスの木が多いので(メスは実が落ちてそうじが大変)、出会えたらラッキーだ。

くらべてみよう ホルトノキ

ヤマモモに似ていますが、葉のふちにギザギザがあり、赤く紅葉した葉が一年じゅうちらほら見られることが特徴です。ホルトノキ科の高木で、街路樹や公園に植えられ、暖かい林に生えます。秋にオリーブに似た実がなります。

実

にぶいギザギザが必ずある。／実物大／おもて 表／うら／若い木の葉はうらのすじが赤くなる。

切れこみがない葉 / なめらか / 厚く、こい緑 / 交互につく

タイサンボク

漢字名 泰山木・大山木
英名 Southern magnolia (サザンマ(グ)ノリア)

モクレン科の常緑高木(5～15m)
似た種類 ビワ(P.42)、ユズリハ(下)など
分布 北アメリカ原産 暖

うらは金色の毛におおわれる。
うら
実物大
葉はかたく、ややそる。
おもて表

公園や庭にときどき植えられる木で、葉、花、実、木の大きさなど、すべてが大きくて山のように立派なことから、この名がついたといわれます。葉は長さ20㎝前後のだ円形でかたく、うら面は金色の毛が全体に生えることが大きな特徴です。初夏に咲く白い花は、開くと直径30㎝にもなり、日本で見られる木の花としてはホオノキ(P.68)を上回って最大級になります。香りもとてもよく、花の時期は周囲にあまく上品な香りがただよい、「マグノリア」(モクレンの仲間の学名)の名で香水にも使われます。ハクレンボク(白蓮木)の別名もあります。

樹形
タイサンボクの若木。葉はかたいので、ピンと立ってつき、うら面の金色が目立つ。

うら
30%
白っぽく、毛はない。

くらべてみよう
ユズリハ
葉の大きさはタイサンボクと同じぐらいですが、たれてつきます。ユズリハ科の小高木で、庭や公園に植えられます。

おもて表
柄はふつう赤い。

花
巨大な花が5～7月に咲く。左上は若い実。

実
落ちた古い実。秋に熟して赤いタネを出す。

見てみよう！
古い葉が若い葉にゆずる
ユズリハは、若葉が出る時に古い葉が黄色くなって落ち、子どもに世代をゆずるように見えるので、子孫繁栄を表す縁起のよい木とされ、正月のしめ飾りや鏡もちに葉が飾られるよ。

シイ類

漢字名 椎　別名 シイノキ(椎の木)　英名 Chinquapin

ブナ科の常緑高木(7〜20m)
似た種類 カシ類(P.38)、グミ類(P.72)
分布 本州〜沖縄 暖

切れこみがない葉

- なめらか
- 厚く、こい緑
- 交互につく

シイ類には、スダジイ(別名イタジイ)とツブラジイ(別名コジイ)があり、実、樹皮、葉が少しちがい、関東地方はスダジイのみ、中部地方から西は両方が分布します。しかし、中間型も見られるので、まとめて「シイ」とも呼ばれます。シイ類は、自然が残る低山や神社の林に多く生え、ときどき公園や庭にも植えられます。花が咲く5月前後は木全体が金色にそまり、とても目立ちます。葉はギザギザのある葉とない葉が混在し、うら面が金色をおびることが特徴です。秋に熟すどんぐりのような実は「シイの実」と呼ばれ、クリに似た味で生で食べられます。

スダジイ
ギザギザのある葉とない葉がある。
表
実は長細い。
うら
うらは金色。
枝はやや太い。
スダジイの樹皮はさける。

すべて実物大

ツブラジイ
実は丸い(円ら)。
断面
白い部分が食べられる。
表
うら
枝はスダジイより細い。
葉はスダジイより小さく、厚さもうすい。
樹皮はさけない。

樹形
入道雲のようにモコモコと金色に見えるのが、花と若葉をつけたシイ類。樹形は横に広がり、葉が密につく。

花
ツブラジイの花。クリーム色で長さ10cm前後の穂状。

実
スダジイの実。殻斗と呼ばれる皮におおわれる。

見てみよう！
木を見上げてみよう

シイ類は葉のうらが金色なので、木を下から見上げると、全体が金色っぽく見えることが特徴だ。シイ林の中で上を見ると、となり合う木との境目が光のすじとなって見える。これは、枝葉が重ならないように、日光を分けあっているためだよ。

切れこみがない葉
なめらか
厚く、こい緑
交互につく

マテバシイ

漢字名 馬刀葉椎・全手葉椎

ブナ科の常緑高木(4〜15m)
似た種類 タブノキ(P.61)、シリブカガシ
分布 関東〜沖縄 暖

実物大
うら
先に近い方で葉の幅が広くなる。
うら面はやや金色をおびる。
よく似たタブノキとちがい、葉に香りはない。
表
枝先の芽は小さい。
枝はすじばる。

どんぐりの中でも、一番背高のっぽなのがマテバシイで、大きなものは長さ3cmになります。葉は長さ10〜20cmで、枝先に集まってつきます。大型の葉が密集するので、騒音や排気ガスなどをさえぎる効果が高く、工場地帯や街路樹によく植えられています。集合住宅の庭や公園にも植えられているので、都会でも拾いやすいどんぐりの一つです。野生の木は九州や沖縄の山に生えますが、昔からマキや炭を作るためや、風よけの防風林として植林されたものが、関東地方から西の各地にあり、野生の木のように見られることがあります。

花
樹形
花をつけた街路樹のマテバシイ。丸い樹形になりやすい。花はクリーム色の長い穂状で、5〜6月に咲く。

実物大
味見してみよう！
生で食べられるどんぐり
多くのどんぐりはアク(渋み)があるので、生では食べられないけど、マテバシイのどんぐりはアクがなく、殻を割れば生で食べられる。ただし、味はほとんどしないので、フライパンで軽く炒ると、ほんのり焼きイモのような味がしておいしくなるよ。

樹皮
白っぽくなめらかで、たてにうすくすじが入る。

実
どんぐりは9〜10月ごろに茶色く熟す。

タブノキ

漢字名 椨の木　別名 イヌグス(犬樟)

クスノキ科の常緑高木(5〜25m)
似た種類 マテバシイ(P.60)、ホソバタブなど
分布 本州〜沖縄 暖

切れこみがない葉

- なめらか
- 厚く、こい緑
- 交互につく

暖地の海辺や低山によく生える木で、都市部の街路樹や公園にもときどき植えられます。葉は長さ10〜15cm前後で枝先に集まってつき、マテバシイとよく似ているので、しばしばまちがわれます。タブノキは葉のうらが白っぽく、葉をちぎると香りがあり、ふつうは枝先に大きな芽が1個つくことが区別点です。この芽は春に大人の親指ほどにふくらみ、赤く色づいて若葉が芽吹くので、花とかんちがいされることもあります。本当の花は小さな黄緑色で、芽吹きと同時に咲きますが、目立ちません。実は直径約1cmで、夏に黒く熟します。

中央より先に近い方で葉の幅が広くなる。

うらは粉をふいたように白みをおびる。

うら

先は少しつき出る。

実物大

葉をちぎるとツンとした香りがある。

表

枝先に大きな芽が1個つく。

樹形　**実**
公園に植えられたタブノキ。横に枝葉を広げる。自然林では大木も多い(P.35)。実は赤い柄が目立つ。

樹皮
白っぽく、イボ(皮目)がある。古い木はさけてくる。

若葉と花
4〜5月に赤い芽が開き、若葉と黄緑色の花が出る。

かいでみよう！ クスノキ科の香り

タブノキなどを見分けるのに悩んだ時は、葉をちぎってにおいをかいでみよう。ツンとしたさわやかな香りがあるのはクスノキ科に共通の特徴で、これを覚えておけば、幼い木でもにおいをかいでクスノキ科と推測できる。ほかには、ミカン科の葉はミカンのような香りがあり、ウコギ科の葉は山菜のような香りがあることが特徴だよ。

タブノキの幼い木。

切れこみがない葉
なめらか
厚く、こい緑
交互につく

クスノキ

漢字名 樟・楠　英名 Camphor tree

クスノキ科の常緑高木(10〜35m)
似た種類 シロダモ(P.63)、ヤブニッケイ(P.63)
分布 (本州・四国)・九州・(沖縄) 暖

実物大　表　うら

- ちぎるとツンとした香りがある。
- すじが3本に分かれて長くのびる。
- すじの分かれ目に1mmぐらいの「ダニ部屋」がある。 250%
- ふちは波打つことが多い。
- ダニ部屋の入口 300%

日本最大級の大木になる木で、葉の色が明るく、力強く枝を広げてモコモコした丸い樹形になります。関東地方から西の暖地に多く、街路樹や公園、神社などによく植えられています。葉は3本のすじが目立ち、そのつけ根に「ダニ部屋」と呼ばれるふくらみがあることや、ちぎるとさわやかな香りがあることが特徴です。この香りは「樟脳」(カンフル)と呼ばれる成分のにおいで、昔は防虫剤、医療用、工業用などに使われたため、関東地方以西の各地で植林され、現在も暖地の林に野生化しています。本来の野生のクスノキは九州の低山に生えます。

見てみよう！ ダニ部屋って何？

ダニ部屋(ダニ室)とは、中にダニをすませるための部屋で、葉にもとからある。うら側に入口があり、虫メガネや顕微鏡で見ると、中のダニが見えることがあるよ。ダニ部屋には葉のしるを吸う草食のダニがすむが、それを食べに肉食のダニも来るので、結果的に葉全体にいる草食のダニを減らすことができるという。

草食のダニ／肉食のダニ／ダニ部屋の断面図

- ふちが細かく波打つことが多い。
- ダニ部屋。
- ちぎると強い香りがある。

実物大

くらべてみよう ゲッケイジュ

葉は香りがよいのでハーブとしてカレーなどの料理に使われ、クスノキ同様のダニ部屋があります。ヨーロッパ原産のクスノキ科の小高木で、ときどき庭木にされます。別名ローレル。

ゲッケイジュのハーブ

かいでみよう！ 葉の香りで見分けよう

クスノキ科の木は葉に香りがあるので、なれれば香りだけでも見分けられる。クスノキはミント系、ゲッケイジュはハーブ系、ヤブニッケイはスイーツ系、シロダモはインク系、といった感じだ。

樹形
新緑のクスノキ。若葉は4〜5月に出て、赤〜黄緑色で明るい色。同時に古い葉が大量に落ちる。

樹皮
明るい茶色で、たてに細かくさける。

実
秋〜冬に直径1cm弱の黒い実がつく。

シロダモ

漢字名 白梻　別名 シロタブ（白椨）

クスノキ科の常緑小高木（5〜15m）
似た種類　ヤブニッケイ（下）、イヌガシなど
分布　本州〜沖縄 暖

切れこみがない葉
なめらか
厚く、こい緑
交互につく

葉のうらが白いことからこの名前があります。身近な林や低い山によく生え、植えられることはまれです。春に見られる毛をかぶった若葉がユニークで、遠くからも目立ちます。秋にうす黄色の花をつけ、メスの木では赤い実と花が同時に見られることもあります。葉は3本の長いすじが目立ち、同じクスノキ科のクスノキ（P.62）やヤブニッケイに似ていますが、3種の中で一番うらが白く、一番大きな葉です。シロダモの葉は枝先によく集まるのに対し、クスノキはやや枝先に集まり、ヤブニッケイは集まりません。葉の香りがちがうことも区別点です。

すべて実物大

表
ちぎるとややツンとしたにおいがある。

柄や芽は金色の毛が生える。

うら
うらは粉をふいたように白い。

表
ちぎるとややあまい香りがある。

つけ根近くで分かれる3本のすじが目立つ。

うら
葉は交互についたり、対についたりする。

くらべてみよう　ヤブニッケイ
葉をちぎるとシナモンや肉桂に似た香りがあり、実は黒紫色です。海辺の林によく生えます。

花

樹形
シロダモはややたて長の樹形で、若葉の出る4〜5月が一番よく目立つ。円内は雄花で10〜12月に咲く。

樹皮
暗い灰色でさけない。ヤブニッケイも似ている。

実
メスの木は秋に直径約1cmの赤い実がつく。

さわってみよう！　ウサギの耳みたいな若葉
シロダモの芽吹きは、枝先にひょっこりキノコのように出て、若葉がたれ下がる様子がユニーク。若葉は金〜白色のやわらかい毛におおわれ、これを「ウサギの耳」と呼ぶ地方もあるよ。葉が大きくなるにつれ、毛はなくなっていく。

63

切れこみがない葉
- なめらか
- 厚く、こい緑
- 交互につく

ミカン類

漢字名	蜜柑
別名	かんきつ(柑橘)類
英名	Citrus

ミカン科の常緑低木〜小高木(2〜5m)
似た種類　モチノキ類(P.54)、カシ類(P.38)など
分布　本州〜沖縄、主にアジア原産　暖

ウンシュウミカン（すべて実物大）
- ふちはなめらかか、低いギザギザがある。
- ちぎるとミカンの香り。
- トゲがつくことが多い。
- くびれがある。
- 柄がやや平らになる。
- 小さな点々(油点)が少し見える。（うら）

ユズ
- ちぎるとユズの香り。
- 柄が平らに丸く広がる。（おもて表）

キンカン
- 柄は短く、わずかに平らになる。
- ちぎるとキンカンの香り。（おもて表）

私たちがふだん食べている「ミカン」は、正確にはウンシュウミカン(温州蜜柑)という種類で、日本でもっとも多く生産されているくだものです。ミカン類は種類が多く、ほかにナツミカン、オレンジ、ブンタン、ダイダイ、ユズ、キンカン、レモンなどが庭や畑に植えられます。ウンシュウミカンやナツミカンは日本で発見された種類で、ほかは中国〜インドなどが原産地といわれます。これらを葉で見分けるのは難しいですが、ミカン類は葉の本体と柄の境にくびれ(関節)があり、柄が少し平たくなり(平たい部分を「翼」と呼ぶ)、葉をちぎると果実と似た香りがあり、枝にときどきトゲがつくことが特徴です。アゲハチョウ類の幼虫がミカン類の葉を食べるので、卵を産みによくやってきます。

見てみよう！ 油の入った点々 (300%)

ミカン類の葉を光にかざすと、小さな点々が散らばって見える。これは油がつまった「油点」と呼ばれる粒で、ミカン科の木に共通して見られる特徴だ。油点と葉の香りを確認して、ミカンの種類を当ててみよう。

油点

樹形　実をつけたナツミカンの木。地面近くで枝分かれして、横に広がった樹形が多い。

樹皮　ミカン類の樹皮は暗い色で、たてにすじが入る。

花　ウンシュウミカンの花。5月ごろ咲き、香りがよい。

ツツジ類

漢字名 躑躅　英名 Azalea

ツツジ科の常緑〜落葉低木(0.3〜2m)
似た種類 イヌツゲ(P.44)、ドウダンツツジ(P.25)
分布 北海道〜沖縄 暖 寒

切れこみがない葉

- なめらか
- うすく、明るい緑
- 交互につく

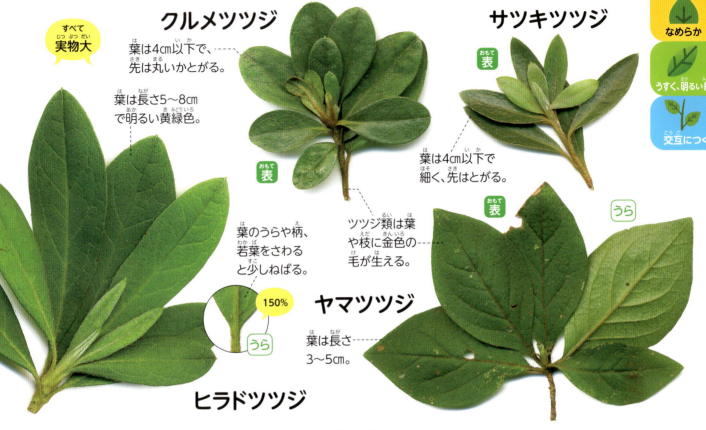

クルメツツジ — 葉は4cm以下で、先は丸いかとがる。
サツキツツジ — 葉は4cm以下で細く、先はとがる。
ヒラドツツジ — 葉は長さ5〜8cmで明るい黄緑色。葉のうらや柄、若葉をさわると少しねばる。
ヤマツツジ — 葉は長さ3〜5cm。
ツツジ類は葉や枝に金色の毛が生える。

すべて実物大 / 150% / 表 / うら

ツツジ類は日本に20種以上が見られ、葉は枝先に集まり、春にピンク、赤紫、朱色、白などの鮮やかな花をつけることが特徴です。暖地の道路ぞいや公園、学校、庭に植えられるのは、ヒラドツツジ、クルメツツジ、サツキツツジが多く、いずれも常緑樹で丸や四角に刈りこまれます。花や葉が一番大きいのはヒラドツツジで、花は直径7cmになります。葉が一番小さいのはサツキツツジで、花が5〜6月に咲くので「五月」の名があります。クルメツツジは葉に丸みがあり、花色はさまざまです。野生のツツジは落葉樹が多く、花が朱色で山野にふつうに生えるヤマツツジ、花がピンクで枝先に葉が3枚ずつつくミツバツツジ類、葉が細長くて寒地に多いレンゲツツジ(p.53)が代表的です。

樹形 / 実
丸く刈りこまれたヒラドツツジ。花の色は赤紫、ピンク、白があり、混ぜて植えられている。実は秋に茶色く熟す。

花
サツキツツジの花はふつう朱色で、ピンクもある。

樹形
色とりどりの花をつけたクルメツツジの植えこみ。

さわってみよう！ ねばねばして服にくっつく葉

ヒラドツツジの葉は、うらをさわるとねばることが特徴だ。これは粘液の出る毛が生えているためで、葉を服にくっつけることもできるよ。モチツツジという種類は、ねばる毛が特に多いので「餅」の名がつく。

切れこみがない葉
なめらか
うすく、明るい緑
交互につく

カキノキ

漢字名 柿の木　英名 Persimmon

カキノキ科の落葉小高木(3～12m)

似た種類　イヌビワ(下)、モクレン類(P.67)、シラキ

分布　中国原産 暖 寒

カキノキは日本を代表する秋のくだものので、昔から庭や畑によく植えられますが、1000年以上前に中国から持ちこまれた木といわれます。葉は長さ10～15cmの卵形でつやが強く、樹皮はあみ目模様になることが特徴です。花はクリーム色で5～6月に咲き、10～11月ごろに実がオレンジ色に熟します。実があまい「甘ガキ」と、しぶくて干し柿にして食べる「渋ガキ」があり、品種によって平たい実やとがった実があります。鳥や動物もカキの実が大好物でタネを運ぶので、人里近くの山に野生化した木も見られ、「山ガキ」とも呼ばれます。

ややしわができ、光沢が強い。

表

実物大

うら

すじにそって毛が生える。

柄は太く短め。

見てみよう！

秋に目玉が現れる！

カキノキの葉は、秋にオレンジや赤色に紅葉するが、その時に不思議な目玉模様が現れることが多い。これは病気になった部分が黒く枯れ、その周囲が緑色のままなのでできる模様だ。

樹形　実

実をつけたカキノキ。枝が折れやすいので、木登りをしてはいけないと昔からいわれる。

樹皮
細かくあみ目状にさける様子が特徴的。

若い実
大きな4枚のガクが目立つ。

カキノキを長くしたような葉の形。ちぎると白いしるが出る。

くらべてみよう
イヌビワ

クワ科の小高木で、関東から西の暖かい山野によく生えます。約2cmのイチジクに似た実が一年じゅう見られ、花は実の中に咲くので外からは見えません。晩夏に黒く熟し食べられます。

実

60%

柄はやや長め。

モクレン類

漢字名 木蘭　英名 Magnolia

モクレン科の落葉高木〜低木(2〜15m)
似た種類　カキノキ(P.66)、ポポーノキ
分布　北海道〜九州 寒 暖

切れこみがない葉

なめらか

うすく、明るい緑

交互につく

シデコブシ

先は丸いかくぼむ。

葉は丸みが強く、先は少しつき出る。

表

小じわが目立つ。

モクレン類の花の芽は毛につつまれる。

コブシ

90%

200%

モクレン類は葉のつけ根に枝を1周する線がある。

紅葉

ハクモクレン

樹形　花　ハクモクレン　コブシ

花をつけたコブシ。ソメイヨシノより1週間ぐらい早く咲く。コブシは花びらが6枚、ハクモクレンは9枚。

モクレン類は、春に大きな花をつけて美しく、主に次の4種が庭や公園、街路樹に植えられます。モクレン(別名シモクレン)はふつう高さ5m以下の低木で、花は紫色です。ハクモクレンとコブシは花が白く、木の高さは5m以上になり、花も葉もハクモクレンの方が大型です。シデコブシ(別名ヒメコブシ)は低木で葉も小さく、花びらが多くて白〜ピンク色です。4種とも、葉は先の方で幅広く、実はにぎりこぶしのような形で、花の芽がネコヤナギに似て毛におおわれることが特徴です。モクレンとハクモクレンは中国原産で、コブシは主に東日本の林に、シデコブシは愛知県周辺の湿地に野生の木が見られます。

花　シデコブシ
シデコブシは花びらが細く12枚以上ある。

実
コブシの実。さけて朱色のタネが糸でぶら下がる。

かいでみよう！　香水「マグノリア」の香り

タイサンボク(P.58)やホオノキ(P.68)もふくむモクレン類は、「マグノリア」とも呼ばれ、花の香りがいいので香水に使われる。葉に香りはないが、枝や幹の樹皮を削るととてもよい香りがするよ。

コブシの樹皮

67

ホオノキ

モクレン科の落葉高木(10〜30m)

似た種類　トチノキ(P.69)、アワブキ、オオヤマレンゲ

漢字名　朴の木　　別名　ホオガシワ(朴柏・厚朴)

分布　北海道〜九州　寒・暖

切れこみがない葉
なめらか
うすく、明るい緑
交互につく

日本の樹木で最大級の葉をつけ、長さは30〜45cmにもなります。昔から食べ物を包む葉として使われたため、「包の木」が名の由来といわれ、現在も寿司、もち、みそなどを包んだ料理が残っています。5〜6月に咲く花も日本最大級で、直径20cm前後になり、よい香りをはなちます。秋に熟す実は長さ10〜15cmになります。寒い地方に多い木で、雑木林や山地の谷ぞいによく生え、ときどき公園や庭にも植えられます。葉が枝先にぐるりと集まってつき、その様子がトチノキの葉に似ているのでよくまちがわれます。

樹形　90%
木を下から見上げたところ。トチノキの葉に似るが、柄がはっきりあり、ギザギザがないことが区別点。

うら　実物大
葉うらは白みをおびる。

樹皮
白っぽくてさけず、点々(皮目)が散らばる。

花
枝先に葉が集まり、中央に大きな花が1個咲く。

実
赤く熟して落ちた実。すき間から赤いタネを出す。

長さ3〜5cm前後の柄がある。

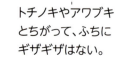

トチノキやアワブキとちがって、ふちにギザギザはない。

先は少しつき出る。

切れこみがない葉

なめらか

うすく、明るい緑

交互につく

味見してみよう！
朴葉を使った料理

ホオノキの葉は「朴葉」と呼ばれ、食べ物をのせるお皿として、今も長野県や岐阜県などで落ち葉が売られている。朴葉みそは、ホオノキの葉にみそや野菜、肉などをのせ、下から火であぶって焼く郷土料理だ。

朴葉みそ

くらべてみよう
トチノキ

葉はホオノキに似て大型ですが、7（または5）枚の葉（小葉）が1カ所から出て、1枚の大きな手のひら形の葉をつくることがちがいです。ムクロジ科の高木で、北海道〜九州の山地に谷ぞいに生え、街路樹や公園にも植えられます。花は白色で初夏に咲きます。

トチノキの花。

ギザギザがある。

つけ根に柄はない。

25%

切れこみがない葉
なめらか
うすく、明るい緑
交互につく

ブナ

漢字名 橅・山毛欅　別名 シロブナ(白橅)　英名 Beech

ブナ科の落葉高木(10～30m)
似た種類 イヌブナ、ネジキ(下)、ケヤキ(P.20)
分布 北海道～九州 寒

うら / 実物大 / ふちは波形で、とがらない。 / 表
冬芽 実物大
毛はない。よく似たイヌブナはすじにそって長い毛が生える。
芽は細長い。

くらべてみよう
ネジキ

葉の形がブナに似ていますが、ふちはブナほど波形にならず、芽はご飯つぶの形です。暖地の山にも生えるツツジ科の小高木で、樹皮はねじれるようにたてにさけることが名の由来です。初夏に白い花をつけます。

60%
樹皮　花

寒い地方の自然豊かな山に多く生え、ブナ林をつくります。関東地方～九州では標高1000m以上の山に多く、北日本ではもっと低い場所にも生えています。秋に茶色く熟す実は、クリを小さくしたような形で、生で食べてもおいしく、クマやネズミの大切な食料になります。葉はふちが波形になることがめずらしい特徴です。幹はコケなどがついて美しいまだら模様になり、細い枝を広げて立派な大木になるので、「森の女王」とも呼ばれます。これに対して、ブナとよくいっしょに生え、太い枝が男性的なミズナラ(P.14)を「森の王」と呼ぶこともあります。

見てみよう！
幹のまだら模様の正体

ブナの樹皮は本来は灰色で、たてすじが少し入るほかに模様はない。まだら模様の正体は、地衣類と呼ばれる生物(菌類と藻類が共生している)や、コケがついてできた模様だ。地衣類はシールのような丸い形や、ひだ状の形で、色は白、うすい緑、灰色、黄色などさまざま。身近な木の幹や石にもついているので、さがしてみよう。

コケ　樹皮　地衣類

樹形
ブナの林。枝をなだらかに広げる。自然がよく残った林では大木が多い。庭や公園に植えられることはまれ。

樹皮　実
白、灰色、緑、黒などのまだら模様になることが多い。
長さ約1.5cmの三角形で、秋に熟し4つにさける。

ナンキンハゼ

漢字名 南京櫨　英名 Chinese tallow tree

トウダイグサ科の落葉小高木(5〜15m)
似た種類　ハナズオウ(下)、ライラックなど
分布　中国原産 暖

切れこみがない葉

なめらか

うすく、明るい緑

交互につく

先はのびる。

表

ちぎると白いしるが出る。

くらべてみよう　ハナズオウ
葉はきれいなハート形で、ナンキンハゼより大型です。中国原産のマメ科の低木で、庭木にされます。春の葉が出る前に赤紫色の花をつけます。

柄の両はしがふくらむ。

実物大

紅葉

表

200%
葉のつけ根に小さなイボ(蜜腺)が2個ある。

台湾や中国の暖かい地方に生える木で、秋の紅葉が美しいので、西日本を中心に街路樹や公園、庭に植えられ、たまに野生化しています。名前の「南京」は中国の都市の名前で、中国から来たものを指す言葉でもあり、ハゼノキ(P.105)と同じように実からロウが採れるのでこの名があります。葉や枝をちぎると白いしるが出ることもハゼノキと同じですが、まったく別の仲間なので、さわってもふつうはかぶれません。葉の形がユニークで、丸みのあるひし形〜タマネギのような形で、長さと幅は同じぐらいです。

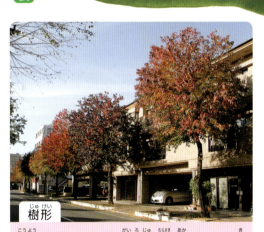
樹形
紅葉したナンキンハゼの街路樹。紫、赤、オレンジ、黄色などのグラデーションになって美しい。

見てみよう！　タネの白色は、ろうそくのロウ

ナンキンハゼの実は直径約1.5cmで、秋に茶色く熟してさけると、3個の白いタネが現れる。タネは冬も枝に残り、白い花が咲いているようにも見えるよ。この白い部分がロウで、ろうそくや石けんの原料に使われる。さわると少しやわらかく、鳥は食べるが人間には毒なので、口にしないこと。

樹皮
明るい茶色でたてにさけ、ときどき少しはがれる。

花
6〜7月に毛虫のような穂状の黄緑色の花がつく。

71

グミ類

漢字名 茱萸　英名 Silverberry

グミ科の落葉・常緑低木（1〜5m）

似た種類　シイ（P.59）、オリーブなど

分布　北海道〜沖縄　寒 暖

- 切れこみがない葉
- なめらか
- うすく、明るい緑
- 交互につく

- うら　うらは銀色で、金色の点が散らばる。
- 表　若葉は表も銀色。
- すべて実物大
- うら面は白っぽく、つやはなく、茶色い点が散らばる。
- ナワシログミ　うら
- おもて表
- うら
- おもて表
- ふちは細かく波打つ。
- 枝にときどきトゲがある。
- うら面や若い枝は銀白色。
- アキグミ
- ナツグミ

グミの仲間は、日本の山野に10種以上が分布し、葉のうらや若い枝が銀色っぽく、食べられる赤い実がなることが特徴です。中でも実がおいしいのはナツグミで、夏に実がなるのでこの名があり、昔から子どものおやつ代わりに人気があります。ナツグミの特に実が大きい品種は「ビックリグミ」や「大王グミ」と呼ばれ、庭や畑に植えられます。ほかに、秋に実がなるアキグミ、常緑樹で春に実がなるナワシログミ（生垣にされる）やツルグミ（枝がつる状にのびる）などがあります。なお、お菓子のグミは、ゴムを意味するドイツ語に由来しており、植物のグミとは無関係です。

実

樹形

実をつけたビックリグミ。実はだ円形で長さ2〜3㎝。ナツグミやビックリグミは6〜7月ごろに実が赤く熟す。

見てみよう　グミの葉のうら側

500%

うら

グミ類の葉のうらをよく見てみよう。キラキラした小さなうろこのようなものがたくさんついている。これは「鱗片」（または鱗状毛）と呼ばれる平たい毛で、指でこすると指につくのでよくわかる。虫メガネや顕微鏡で見ると、鱗片のふちがギザギザしている様子も見えるだろう。鱗片の多くは銀色で、金〜茶色の鱗片もまじっているよ。

実　グミ類の花は白〜うすい黄色。写真はナツグミで春に咲く。

実　アキグミの実は直径約1㎝で丸い。枝にトゲもある。

サルスベリ

漢字名 猿滑・百日紅　英名 Crape-myrtle

ミソハギ科の落葉小高木(2～8m)
似た種類 ナツツバキ(P.24)、イボタノキ類など
分布 中国原産 暖

切れこみがない葉

なめらか／うすく、明るい緑／対につく

名の通り、サルもすべりそうなほどつるつるした幹が特徴で、古い木ほど樹皮がはがれてすべすべになります。ただし、ナツツバキやリョウブ(いずれもP.24)の樹皮も似ているので、葉を確認して見分けることが大切です。サルスベリの葉は丸っこく、柄がほとんどなく、交互についたり対についたりすることが特徴です。花はピンクや白で、7～10月に100日間ぐらい咲くことから「百日紅」の別名もあります。よく似たシマサルスベリは、奄美大島や中国が原産で、葉が少し大きく、先がとがり、柄が少し長く、高さ10m以上にもなります。

先がとがる葉もある。
実物大
先が丸い葉やくぼむ葉が多い。
ほぼ対につく葉もある。
表

見てみよう！ 右右・左左・右右・・・とつく葉

サルスベリの枝をたてに持ち、葉のつき方を見ると、枝の右側に2枚の葉、左側に2枚の葉、のように2枚ずつ交互につくことがわかる。これは「コクサギ型葉序」と呼ばれ、コクサギ(P.33)、サルスベリ類、ヤブニッケイ(P.63)などで見られるめずらしい特徴だよ。

樹形／実

枝先に穂状の花をつけたサルスベリ。幹はやや曲がることが多い。実は直径1cm弱で、秋に熟してさける。

樹皮
ベージュやオレンジ色のまだら模様になる。

花
白花。花びらは5枚あり、細かくちぢれる。

くらべてみよう ザクロ

同じミソハギ科のザクロは、西アジア原産の果樹で、庭や公園に植えられます。花はオレンジ色で初夏に咲き、実は秋に赤く熟します。葉は対につくか、たばになり、枝の先はトゲになります。

実

葉は細長く、光沢が強い。
実物大
表
うら

切れこみがない葉
なめらか
うすく、明るい緑
対につく

ハナミズキ

漢字名 花水木
英名 Flowering dogwood

ミズキ科の落葉小高木(3〜8m)
似た種類 ヤマボウシ(P.75)、ミズキ(下)など
分布 北アメリカ原産 寒 暖

葉は明るい黄緑色で、ややしわが目立つ。

うら

花が入った芽はタマネギ形。

実物大

カーブして長くのびるすじが目立つ。

表

70%

柄は長い。

4〜5月に咲く白やピンクの花が美しく、秋にいち早く赤く色づく紅葉や赤い実も鮮やかで、庭や公園、街路樹によく植えられます。大正時代に東京からアメリカにサクラを贈ったお礼に、アメリカから贈られてきたのがハナミズキでした。日本のミズキより花が目立つのでこの名前があり、ヤマボウシに似ているので「アメリカヤマボウシ」の別名もあります。4枚の花びらに見えるものは葉が変化した「苞」で、本物の花はその中心に小さく集まって咲きます。葉は丸みがあって長いすじが目立ち、ミズキにくらべて少し小さく、柄が短めです。

くらべてみよう
ミズキ

ミズキ科の高木で北海道〜九州の林に生えます。花は白色で5月ごろ咲き、実は直径1cm弱で赤紫〜黒色。樹皮はたてに浅くさけます。

花

樹皮

※ミズキは葉が交互につき、よく似たクマノミズキは対につく。

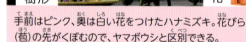
樹形 / 花

手前はピンク、奥は白い花をつけたハナミズキ。花びら(苞)の先がくぼむので、ヤマボウシと区別できる。

樹皮

細かいあみ目状にさけ、カキノキの樹皮に似る。

実

長さ約1cmのだ円形で、数個が集まってつく。

見てみよう！
水のようにしたたる樹液
「ミズキ」の名前は、春に幹や枝を切ると、樹液が水のように出るためといわれる。右の写真は、切り口から出た樹液がオレンジ色に発酵したもので、樹液酵母と呼ばれる。

ヤマボウシ

漢字名 山法師　英名 Japanese dogwood

ミズキ科の落葉小高木(3〜8m)
似た種類　ハナミズキ(P.74)、サンシュユ(下)など
分布　本州〜沖縄　寒・暖

切れこみがない葉

・なめらか
・うすく、明るい緑
・対につく

やや寒い山地に生えるミズキの仲間で、梅雨のころに咲く白い花が美しいので、庭木や公園樹、街路樹としても人気があります。花の様子を、白い服を着たお坊さん(法師)にたとえたことが名の由来です。花や葉、樹形がハナミズキとよく似ていますが、ヤマボウシは花びら(正確には苞)の先がとがり、少しおそい5〜7月に咲き、葉は少し小さく、樹皮や実の形もちがいます。よく似た外国産のヤマボウシの仲間も植えられており、葉のふちが波打たない「ミルキーウェイ」や、葉につやがあり冬も葉をつけている「常緑ヤマボウシ」などが見られます。

ふちは波打つことが多い。　実物大

うらはハナミズキのように白くはなく、少し毛が生える。　うら

表　柄は短い。

先は長くのびる。　実物大　うら　表

すじの分かれ目に、こげ茶色の毛が三角形にかたまってつく。

樹形　花

満開のヤマボウシ。花びら(苞)の先はとがる。ミズキの仲間は枝を面状に広げ、階層をつくる樹形になりやすい。

くらべてみよう
サンシュユ
同じミズキ科で中国原産。庭や公園に植えられ、花は黄色で3〜4月に咲き、実は赤くグミに似た形です。樹皮はあらくはがれます。

花

樹皮

樹皮
うろこ状にはがれ、ややまだら模様になる。

実
実は直径2〜3cmで、秋に赤〜オレンジ色に熟す。

やってみよう！　糸を引く葉
ヤマボウシやミズキの仲間は、葉と柄をそっとちぎると白い糸を引き、ちぎった部分をぶら下げることができる。この糸は、水や養分が流れる管のたば(維管束)で、ねばり気はなく繊維質だ。

75

切れこみがない葉

ほかにもある、切れこみがない葉

`ギザギザ` `うすく、明るい緑` `交互につく`

ヤマブキ
漢字名 山吹
バラ科の落葉低木
分布 北海道〜九州
`寒` `暖`

3〜5月に咲くこい黄色の花が美しく、この色を「山吹色」と呼びます。庭や公園に植えられ、雑木林や山地の明るい場所にも生えます。花びらが多い八重咲きの品種も植えられます。よく似た花が白色のシロヤマブキは、葉が対につくことがちがいです。

花

表　50%
大小2重のギザギザ。
枝は緑色。

エゴノキ
漢字名 えごの木
エゴノキ科の落葉小高木
分布 北海道〜沖縄
`寒` `暖`

5〜6月に白花を多数つけます。サクランボのような若い実は毒（サポニン）をふくみ、口にするとえぐいことが名の由来で、水をつけてこすると泡立ち、石けんの代わりに使えます。樹皮は黒っぽい色です。雑木林に生え、庭や公園にも植えられます。

花　若い実

表　50%
ギザギザは低く少ない。

ボケ
漢字名 木瓜
バラ科の落葉低木
分布 中国原産
`寒` `暖`

3〜4月に赤や朱色、ピンク、白の花を咲かせます。庭や公園、生垣に植えられ、枝を強く切れてカクカクした樹形も多く、枝にトゲがあります。葉は先のほうで幅広くなり、たばになってつきます。秋にうす黄色に熟す実は果実酒やジャムにされます。

花　実

先はふつうにぶい。
表　50%
うら

ヒュウガミズキ
漢字名 日向水木
マンサク科の落葉低木
分布 本州〜九州
`寒` `暖`

葉は直径4cm前後の小さなハート形で、秋に黄色く紅葉します。庭や公園、生垣に植えられ、葉が出る前の3〜4月にうすい黄色の花をぶら下げて目立ちます。「日向」は宮崎県の昔の呼び名です。よく似たトサミズキは葉が直径10cm前後と大型です。

花　樹形

表　70%
まっすぐなすじが目立つ。

カリン
漢字名 花梨
バラ科の落葉小高木
分布 中国原産
`寒` `暖`

庭や公園に植えられ、春にピンク色の花が咲きます。秋に熟す長さ10cm前後の黄色い実は、生では食べられませんが、香りがよく、せき止めの効果があるので、のどあめや果実酒に使われます。樹皮は緑や茶色のまだらになり、たてにしわが入ります。

実　樹皮

50%
ギザギザは小さな針状。
表

イイギリ
漢字名 飯桐
ヤナギ科の落葉高木
分布 本州〜沖縄
`暖` `寒`

キリやアカメガシワに似た葉で、赤く長い柄があります。この葉にご飯をもったことが名の由来です。メスの木は、秋に赤い実をブドウのようにぶら下げます。幹から枝が車輪状に出る樹形も特徴です。雑木林に生え、たまに公園や庭に植えられます。

実

表　30%
蜜腺が2つある。

切れこみがない葉

シラカバ
漢字名 白樺
カバノキ科の落葉高木
分布 北海道・本州
寒

樹皮

50%
紅葉

白い幹が美しく、樹皮は横向きのすじがあり、紙のようにうすくはがれ、黒い「ヘ」の字形の模様ができます。葉は三角形に近い形です。寒地で庭や公園、街路樹によく植えられ、高原の林にも生えます。よく似たダケカンバは樹皮がオレンジ色をおびます。

秋は黄色く紅葉する。

ハマヒサカキ
ギザギザ　厚く、こい緑　交互につく

漢字名 浜姫榊
サカキ科の常緑低木
分布 本州〜沖縄
暖

花・実

60%
表

先はわずかにくぼむ。

ヒサカキ(P.55)に似ていますが、葉がやや小さくて丸みが強く、すじがくぼんで目立ちます。刈りこんで生垣や道路ぞいによく植え、野生の木は海岸に生えます。12月ごろにクリーム色の花をつけ、メスの木は同時に赤紫〜黒色の実をつけます。

ユーカリノキ
なめらか　厚く、こい緑　交互につく

英名 Eucalyptus (ユーカリ(プタス))
フトモモ科の常緑高木
分布 オーストラリア原産
暖

幹

表
30%

葉の幅は変化がある。

ちぎると強い香りがある。

ユーカリの仲間は種類が多く、葉の形もさまざまで、コアラが食べる木もあります。公園や学校にたまに植えられているユーカリノキは、葉がカマのような形で、対につくこともあります。樹皮ははがれて白やオレンジ色になります。初夏に白い花をつけます。

ロウバイ
なめらか　うすく、明るい緑　対につく

漢字名 蠟梅
ロウバイ科の落葉低木
分布 中国原産
寒 暖

花・実

ざらつく。
表
30%
うら

庭や公園に植えられ、12月から2月の寒い季節に香りのよい黄色の花が咲くので、年末年始のかざりによく使われます。花がロウで作ったように半透明で、ウメに似ることが名の由来です。実はきんちゃく袋のような形で、枝に長く残ります。

クロモジ
なめらか　うすく、明るい緑　交互につく

漢字名 黒文字
クスノキ科の落葉低木
分布 北海道〜九州
寒 暖

花
表
50%
うら

花の芽は丸い。

緑色の枝に、文字を書いたような黒い模様が入ることが名の由来です。この枝で和菓子のようじを作ります。葉は枝先に集まり、枝葉をちぎるととてもよい香りがあります。山地の林に生え、春にうす黄色の花をつけ、メスの木は秋に黒い実をつけます。

ミツマタ

漢字名 三椏
ジンチョウゲ科の落葉低木
分布 中国原産
寒 暖

花
蕾
表
30%

葉は長さ15cm前後。

枝は必ず3つに分かれ、枝先に細長い葉が集まります。春に丸く集まって咲く黄色または赤色の花がきれいで、庭木にされます。樹皮がとてもじょうぶで、コウゾ(P.83)とともに和紙の原料に使われるため、時にスギ林の中などで栽培もされています。

77

切れこみがある葉
ギザギザ
うすく、明るい緑
対につく

カエデ類

漢字名 楓・槭　別名 モミジ(紅葉)　英名 Maple

ムクロジ科の落葉小高木〜高木(3〜20m)
似た種類 フウ類(P.80)、キイチゴ類(P.85)
分布 北海道〜九州 寒 暖

イロハモミジ

葉はカエデ類で一番小さく、5〜7つに切れこむ。切れこみの数をイ・ロ・ハ……と数えたことが名の由来。

すべて実物大　表　紅葉

ギザギザは大きく、大小2重になる。

ギザギザは細かい。

ヤマモミジ
7〜9つにさける。

オオモミジ
ふつう7つに切れこむ。

カエデ類の葉は対につく。

カエデ類は紅葉がきれいな木の代表種で、寒い地方を中心に日本に約30種が見られます。葉がカエルの手のように切れこむことから、「かえる手」が変化して「カエデ」になったといわれます。暖地の雑木林や都市部に多いカエデはイロハモミジやオオモミジで、庭や公園、お寺、街路樹などによく植えられています。日本海側の山にはオオモミジの変種のヤマモミジが生えます。これら3種類を「モミジ」と呼ぶこともあり、雑種もふくめて葉の形や色が異なる品種が多く作られています。山地によく生えるカエデは、ハウチワカエデ類、イタヤカエデ、ウリハダカエデ、ウリカエデなどで、10〜11月ごろに紅葉します。街路樹には中国原産のトウカエデが多く植えられています(P.113)。

樹形
お寺に植えられたイロハモミジやオオモミジ。細い枝を広げる。紅葉は赤が中心だがオレンジ〜黄色まである。

 やってみよう！

プロペラのように回る実
カエデ類は、プロペラのような「翼」がある実が2個ずつつくことが特徴だ。秋に赤〜茶色に熟すと1個ずつ分かれ、風に乗ってくるくる回転しながら落ちるよ。手に取って落としてみよう。

実物大
イロハモミジの実

樹皮
カエデ類の樹皮は、たてすじが入るものが多い。写真はイロハモミジ。

花
イロハモミジの花と若葉。花は赤やうす黄色で小型。

切れこみがある葉
ギザギザ
うすく、明るい緑
交互につく

フウ類

漢字名 楓
英名 Sweet gum

フウ科の落葉高木(10〜25m)
似た種類 カエデ類(P.78)、ハリギリ(P.94)など
分布 北アメリカ・中国原産 暖 寒

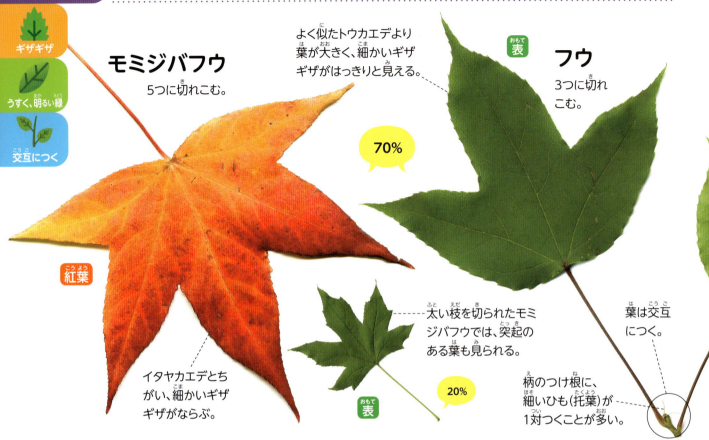

モミジバフウ 5つに切れこむ。

よく似たトウカエデより葉が大きく、細かいギザギザがはっきりと見える。

70%

フウ 表 3つに切れこむ。

紅葉

イタヤカエデとちがい、細かいギザギザがならぶ。

太い枝を切られたモミジバフウでは、突起のある葉も見られる。

20% 表

葉は交互につく。

柄のつけ根に、細いひも(托葉)が1対つくことが多い。

フウ類の葉はカエデ類と似て、赤〜黄色の紅葉が美しく、漢字も同じ字を使いますが、まったく別の仲間で、葉が交互につき、秋に丸い実をぶら下げることがちがいです。中国原産のフウ(別名タイワンフウ)は葉が3つに切れこみ、主に西日本で街路樹や公園に植えられます。北アメリカ原産のモミジバフウ(別名アメリカフウ)は葉が5つに切れこみ、本州〜九州で街路樹によく植えられます。実はフウが直径2〜3㎝、モミジバフウは直径3〜4㎝で、プラタナス(P.81)の実にも似ていますが、ふんでもつぶれないほどかたいことがちがいです。モミジバフウは、枝にニシキギ(P.29)のような突起(翼)がつくこともあります。

樹形 枝

モミジバフウの樹形は三角形状。紅葉は紫〜赤〜黄色のグラデーションになりやすい。右上は枝についた翼。

樹皮

モミジバフウの幹。フウより深くたてにさける。

実

左はモミジバフウ。右はフウで実はやや小さい。

かいでみよう！

紅葉のあまい香り

紅葉の赤色は、光合成で作られた糖分からできる色といわれる。そのせいか、紅葉した葉を鼻に当てると、ほんのりあまい香りがすることがある。特にフウは、紅葉した葉からフルーティな香りがすることがあり、樹液が香料にも使われることもあるよ。

紅葉したフウ

プラタナス類

英名・学名 Platanus　別名 スズカケノキ(鈴懸木)

スズカケノキ科の落葉高木(10〜20m)
似た種類　フウ類(P.80)、アオギリ(P.89)など
分布　西アジア・北アメリカ原産 寒 暖

切れこみがある葉

- ギザギザ
- うすく、明るい緑
- 交互につく

モミジバスズカケノキ　60%　この中に芽が入っている。　切れこみの深さは中ぐらい。

スズカケノキ　落ち葉　切れこみは深い。実は3〜6個ずつぶら下がる。

アメリカスズカケノキ　20%　表　切れこみは浅い。

プラタナス類は、3〜5つに切れこむ大きな葉と、独特のまだら模様になる樹皮が特徴で、鈴をぶら下げたような実がつくので、日本語では「スズカケノキ」の名前がついています。西アジア原産のスズカケノキ、北アメリカ原産のアメリカスズカケノキ、その2種から作られた雑種のモミジバスズカケノキが見られ、街路樹などにもっとも多く植えられているのはモミジバスズカケノキです。逆にスズカケノキはめったに植えられていません。たまに植えられているアメリカスズカケノキは、樹皮がきれいなまだら模様にならず、茶色っぽい色です。これら3種類は、葉の切れこみの深さや、実のぶら下がる数で見分けられます。

樹形　実
モミジバスズカケノキの街路樹。実はふつう2〜3個ずつぶら下がり、秋〜冬に熟すとばらけて風に飛ぶ。

樹皮
モミジバスズカケノキは白、くすんだ緑、灰色がまじる。

実
アメリカスズカケノキの実は1個ずつぶら下がる。

さわってみよう！ 柄のキャップにかくれた芽

実物大　葉の柄　芽

プラタナス類の葉は、柄のつけ根がキャップ状にふくらみ、中に芽が入っている。つまり、秋に葉が落ちるまで、芽はかくれているわけだ。葉の柄をそっと取ってみよう。芽が姿を現すよ。これは「葉柄内芽」という特徴で、虫などの外敵から芽を守っていると考えられる。

クワ類

切れこみがある葉
ギザギザ
うすく、明るい緑
交互につく

漢字名 桑　英名 Mulberry

クワ科の落葉小高木(2〜12m)
似た種類 コウゾ類(P.83)、キイチゴ類(P.85)
分布 北海道〜沖縄、中国原産　暖　寒

先は細長くのびる。
90%
マグワ
30%
マグワの葉先はあまりのびない。
表
ヤマグワ
つけ根で分かれる3本のすじが目立つ。
ギザギザはコウゾ類より大きい。
うら

さまざまな葉の形が見られることがクワ類の特徴です。中ほどまで3つに切れこむ葉をよく見ますが、幼い木では深く切れこむ葉が多く、大きな木ではほとんどが切れこまない葉になります。日本各地の山野に生えるヤマグワ(山桑)と、中国原産で栽培されるマグワ(真桑)の主に2種があり、いずれも葉がカイコ(絹の原料となるまゆをつくるガの幼虫)のえさになるため、昔からクワ畑で栽培されました。現在はカイコの飼育はめずらしくなりましたが、マグワもときどき河原などに野生化しています。6〜7月に赤から黒へと熟す実をつけ、あまくて食べられます。

樹形　樹皮
道ばたに生えたヤマグワ。樹皮は小さなイボ(皮目)が散らばり、古い木ではたてにさける。

見てみよう！　複雑に切れこんだ葉

クワ類は、同じ木でもいろいろな形の葉が見られる。特に高さ約1m以下の幼い木(右)では、不思議なほど複雑に切れこむ葉も多く、モミジイチゴやノブドウの幼い葉にも似ている。一方、高さ5m以上の木では、切れこまない葉ばかりになるので、まるで別の木に見えてしまう。

葉
切れこみが1つだけの葉など、いろんな形がある。

実
左はヤマグワで表面に雌しべの突起が残る。マグワ(右)は残らない。

コウゾ類

漢字名 楮　英名 Paper Mulberry

クワ科の落葉低木(2〜5m)
似た種類　クワ類(P.82)、カジノキ
分布　本州〜九州、中国原産 暖

切れこみがある葉

ギザギザ
うすく、明るい緑
交互につく

切れこみのない葉は、ゆがんだジャガイモのような形。

90%

ヒメコウゾ

葉の長さはヒメコウゾが10cm前後、コウゾは20cm前後。

若い木の葉はふつう3つに切れこむ。

クワにくらべ、ふちのギザギザは細かい。

紅葉

柄は長さ1cm前後。コウゾは2cm前後。

うら

クワに似ていろいろな葉の形が見られ、幼い木ほど葉が深く切れこみ、大人の木では切れこまない葉ばかりになります。樹皮の繊維がじょうぶなので、昔から和紙の原料にされ、ミツマタ(P.77)、ガンピとともに現在もお札や障子の紙に使われています。「コウゾ」と呼ばれる木には、もとから日本にあるヒメコウゾと、中国原産で和紙を作るために栽培されるコウゾ(ヒメコウゾとカジノキの雑種)があります。山野によく生えるのはヒメコウゾで、葉や木はコウゾより小型ですが、区別しにくい場合もあります。コウゾは最近めずらしくなりましたが、たまに野生化しています。

枝葉
若い木や切株から生えた枝では、深く切れこんだ葉が多い。ふつう3つに切れこむが、2つや5つのこともある。

さわってみよう！
枝をちぎろうとすると・・・

コウゾの枝を手でちぎってみよう。じょうぶな樹皮がひものようにはがれるばかりで、なかなかちぎれないはずだ。この樹皮を蒸したり煮たりし、内側の白い繊維にトロロと呼ばれる粘液を混ぜて、和紙が作られる。ミツマタやガンピの枝も、同じようになかなかちぎれないよ。

花
春に咲き、雌花は太陽のような形。下は雄花。

実
直径約1cmでオレンジ色。食べられるがイガが残る。

切れこみがある葉
- ギザギザ
- うすく、明るい緑
- 交互につく

ムクゲ

漢字名 木槿
英名 Rose of Sharon

アオイ科の落葉低木(1.5〜4m)
似た種類 ハイビスカス(下)、フヨウ(下)
分布 中国原産 暖 寒

紅葉 にぶく大きなギザギザがある。
低いギザギザがある。 30% 表
ほとんど切れこまない葉も多い。
うら 実物大
表
深く3つに切れこむ葉もある。
つけ根から分かれる3本のすじが目立つ。

くらべてみよう フヨウ
同じアオイ科で花が似ていますが、葉は直径10〜20cmで大きく、5つに切れこみます。中国原産で庭木にされます。

フヨウの花は直径15cm前後で大きい。

真夏の7〜9月に、白やピンク、紅紫色の花を咲かせ、よく目立つ木です。熱帯の花木として有名なハイビスカスと同じ仲間で、花もよく似ています。じょうぶな木で大気汚染にも強いので、庭や公園、街路樹をはじめ、高速道路ぞいにもよく植えられています。樹形が特徴的で、竹ぼうきを逆さまにしたように枝をぴんとのばします。園芸用の品種が多く、花びらが多い八重咲きの花もあれば、葉の形もいろいろで、ひし形の葉、浅く3つに切れこむ葉、深く3つに切れこむ葉などが見られます。日本の国花はサクラなのに対し、韓国の国花はムクゲが選ばれています。

樹形

花
多くの枝が上にまっすぐのびた独特の樹形になる。花は直径10cm弱で中心の色がこい。

見てみよう! 熱帯の花・ハイビスカス
南国の沖縄やハワイを代表する花といえばハイビスカス。赤、ピンク、オレンジ、黄、白などさまざまな色があり、雌しべの形がムクゲと少しちがう。葉もムクゲに似てさまざまな形があるが、常緑樹なので少し厚く、光沢が強いことがちがいだ。本州〜九州でもときどき鉢植えや温室で栽培されるので、さがしてみよう。

樹皮
細い幹が多数出る。秋はうすい黄色に紅葉する。

ムクゲ フヨウ
実
ムクゲの実は直径約1.5cm、フヨウは直径約3cm。

84

キイチゴ類

漢字名 木苺　別名 ノイチゴ（野苺）　英名 Raspberry

バラ科の落葉低木（0.1〜2m）
似た種類 クワ類（P.82）、コゴメウツギ、バラ類（P.96）
分布 北海道〜沖縄 寒 暖

切れこみがある葉

ギザギザ

うすく、明るい緑

交互につく

モミジイチゴ
- 3〜5つに切れこむ。
- 表
- 実物大
- うらにトゲがあることもある。
- うら
- 枝にトゲがある。
- 西日本のモミジイチゴは細長い葉が多く、ナガバモミジイチゴとも呼ばれる。

ナワシロイチゴ 50%
- 表
- 3枚セットの葉で、しわが目立つ。
- 柄にもトゲがある。

クサイチゴ 25%
- 3枚か5枚セットの葉で、両面に毛が多い。
- 柄や葉のうらにトゲがある。
- 表

「キイチゴ」とは木になるイチゴ類のことで、日本に約30種も分布し、実は赤〜黄色で食べられ、ふつうは枝や葉にトゲがあることが特徴です。身近な山野によく生えているのは、モミジに似た葉で高さ1m前後のモミジイチゴ、つる状に地面をはうナワシロイチゴ、高さ50cm前後のクサイチゴなどで、春に花をつけ、初夏に実が熟します。少し山に入れば、モミジイチゴに葉が似たニガイチゴやクマイチゴ、常緑樹で冬に実をつけるフユイチゴなども生えています。トゲがないカジイチゴや、北アメリカ原産のブラックベリーもキイチゴの仲間で、たまに庭木にされます。

樹形　花
実をつけたモミジイチゴ。実は黄〜オレンジ色で6月前後に熟す。花は白色で3〜4月に下向きに咲く。

味見してみよう！ 実をゲットするコツ

キイチゴ類の実はみずみずしくてあまく、ジャムにしたりケーキにのせたりしてもおいしい。実を見つけるには、5〜6月ごろに林のへりや山道ぞいなど、日当たりのよいヤブをさがすことがコツ。暗い森の中には少ないぞ。春のうちに花を見つけて、場所を覚えておくのもいい方法。

モミジイチゴ　ナワシロイチゴ
クサイチゴ　ニガイチゴ

花
クサイチゴの花は3〜4月に上向きに咲き目立つ。

花
ナワシロイチゴの花はピンク色で、よく開かない。

ヤツデ

漢字名 八つ手　　英名 Fatsia

切れこみがある葉 / ギザギザ / 厚く、こい緑 / 交互につく

ウコギ科の常緑低木（1〜3m）
似た種類　ハリギリ(P.94)、カミヤツデ
分布　本州〜沖縄　暖

70%

表

ふつう7〜9個、ときどき11個に切れこむ。

葉は厚く、表は光沢が強い。ちぎると特有の香りがある。

低いギザギザがある。

見てみよう！

赤ちゃんの葉
高さ30cm以下ぐらいの赤ちゃんの木（幼木）では、葉の切れこみの数が少ないよ。5つや3つに切れこむ葉が多く、カクレミノ(P.87)にも似ている。ヤツデの木のまわりで、赤ちゃんの木もさがしてみよう。

実
春に黒紫色の実が丸く集まってつく。

花
樹形
公園の林に生えたヤツデ。冬のはじめに白い花が丸く集まって咲き、ハエやアブがよく集まる。

直径30〜40cmにもなる手のひら形の葉が特徴で、見分けやすい木です。ふつうは切れこみが八つあることが名の由来です。この大きな葉が、天狗が持っている羽のうちわに似ていることから、「天狗の羽団扇」の別名もあります。暗い場所でもよく育つので、庭や公園の日が当たらない場所によく植えられています。野生のヤツデは海に近い暖かい林の中に生え、鳥がタネをよく運ぶので、東京や大阪など大都会の林にもアオキ(P.46)やシュロ(P.114)とともによく生えています。

カクレミノ

漢字名 隠れ蓑　別名 ミツデ(三つ手)

ウコギ科の常緑小高木(2〜8m)
似た種類 シロモジ、シロダモ(P.63)など
分布 本州〜沖縄 暖

切れこみがある葉

 なめらか
 厚く、こい緑
 交互につく

20%　幼い木では、深く切れこむ葉もある。
切れこみが1つの葉もある。
3本のすじが目立つ。
表
切れこみがない葉。
実物大
3つに切れこむ葉。
うら
細かいあみ目模様が見える。

きれいに3つに切れこむ葉がカクレミノの特徴で、この葉の形を「隠れ蓑」(着ると姿が見えなくなるという道具で、天狗や鬼がもつ)にたとえたことが名の由来です。しかし、成長とともに切れこみのない葉が増え、大きな木ではひし形〜卵形の葉ばかりになります。逆に高さ1m以下の幼い木では、深く切れこむ葉や、ふちにギザギザがある葉も見られるなど、葉の形に変化が多いことが特徴です。暖地の海に近い林に生え、暗い場所でも育つので、日かげの庭や公園などによく植えられます。人によっては、枝葉を傷つけると出るしるでかぶれることもあるようです。

樹形　実
枝葉がまとまった樹形になり、せまい場所でも育てやすい。秋に黒紫色の実が丸く集まってつく。

見てみよう！ 常緑樹の紅葉

常緑樹は一年じゅう葉をつけているので、紅葉しないと思われがちだが、実は秋や春に紅葉する常緑樹もめずらしくない。カクレミノはその代表種で、枝の下の方につく古い葉が、秋に鮮やかなオレンジ〜黄色に紅葉する。クスノキ(P.62)、ホルトノキ(P.57)、サンゴジュ(P.47)、ユズリハ(P.58)もよく紅葉する。

樹皮
白っぽくなめらか。黄色っぽい樹液が出ることがあり、塗料に使われた。

葉
枝先に集まってつき、いろんな形の葉がまじる。

87

切れこみがある葉
- なめらか
- うすく、明るい緑
- 交互につく

アカメガシワ

漢字名 赤芽柏　別名 ゴサイバ(御菜葉)

トウダイグサ科の落葉小高木(2～10m)
似た種類 イイギリ(P.76)、オオバベニガシワ、ウリノキ
分布 本州～沖縄 暖 寒

90%

表

小さな点(蜜腺)が2つある。

蜜腺に集まったアリ。

幼い木ではギザギザがある葉もまじる。

柄は赤く長い。

ふつうギザギザはない。

紅葉

切れこまない葉はひし形に近い形。

道ばたやヤブ、庭のすみなど、明るい場所によく生える雑草のような木で、高さ1m以下の幼い木(幼木)をよく見かけます。名の通り、枝先の新しい芽(小さな若葉)が赤くなることが特徴で、春～夏に赤い芽がよく見られます。葉は、幼い木では浅く3つに切れこみますが、高さ約3m以上になると切れこまない葉ばかりになります。この大きな葉は、食べ物をのせるお皿としても使われました。葉のつけ根にみつが出る点(蜜腺)があり、アリがみつをなめに集まる様子も観察できます。これはアリに葉をパトロールさせ、毛虫などを追いはらう目的があると考えられます。

樹形　実
黄色く紅葉し始めた木。枝を斜めに広げ、逆三角形の樹形になる。実は初秋に茶色く熟し、タネは黒く丸い。

さわってみよう！

赤い毛布をぬがすと…
アカメガシワの若葉は、たくさんの赤い毛におおわれている。指で若葉をこすってみると、毛が取れて緑色の葉が見えるよ。この毛は、日光の紫外線や害虫から幼い葉を守る毛布のようなもので、葉が大きくなるにつれて減っていく。

樹皮
白っぽく、やや交差するようにたてにさける。

幼木
石垣のすき間に生えた幼い木。赤い芽が目立つ。

88

アオギリ

漢字名 青桐・梧桐　英名 Chinese parasol tree

アオイ科の落葉小高木(4〜15m)
似た種類　キリ(P.90)、ハリギリ(P.94)、アブラギリ
分布　本州〜沖縄・中国原産 暖

切れこみがある葉

なめらか

うすく、明るい緑

交互につく

つけ根は深くくいこむ形。

熟し始めた実。

70%

ギザギザはない。

やってみよう！ タネを乗せた飛行船

アオギリの実は船のような形で、ふちに2、3個の丸いタネが乗っている。この船がくるくる回りながら落ち、風で遠くに運ばれる仕組みだ。秋に木の下で実をさがして飛ばしてみよう。

50%
タネ

青い幹と、キリのように大きな葉が名の由来で、公園や街路樹に植えられています。葉は直径20〜30cmで、フォークのように3〜5つに切れこみ、長い柄があります。緑色の幹が美しいことから、幹が白いシラカバ(P.77)、オレンジ色のヒメシャラ(P.24)とともに、「三大美幹木」と呼ぶこともあります。ただし、古い木の幹は灰色っぽくなります。実はユニークな形で、タネを乗せて風にまうので、理科の教材にもぴったりです。戦時中はタネをコーヒー豆の代わりに使ったそうです。野生の木は南日本の海岸や中国に生えますが、ときどき野生化した木もあります。

樹形
花をつけた公園のアオギリ。花はクリーム色で小さく、目立たない。

樹皮
若い幹は緑色で、たてにすじが入る。

89

切れこみがある葉

なめらか

うすく、明るい緑

対につく

キリ

漢字名 桐　　英名 Princess tree

キリ科の落葉高木(7〜15m)

似た種類　クサギ(P.33)、アカメガシワ(P.88)、キササゲ

分布　中国原産　暖 寒

切れこみがない葉はハート〜三角形。

浅く3〜5つに切れこむ葉。

うら

80%

表

うらは毛が多く、ややべたつくことが多い。

樹皮は点々（皮目）があり、古い木はたてにさける。

大人の木の葉は長さ20cm前後で、ギザギザはない。

古くに中国から持ちこまれた木ですが、日本各地で栽培され、野生化していることも多く、今では日本の木のようになじんでいます。成長がとても早いので、昔は女の子が生まれたらキリの木を植え、結婚する時（15才前後）にその木でタンスを作って持たせる習慣もありました。木材は日本一軽く、白く美しいことから、家具や箱などさまざまなものに使われます。葉は大きな五角形やハート形で、形に変化が多く、浅い切れこみがある葉とない葉があります。特に幼い木の葉は、おどろくほど大きくなります。キリの花は、日本国政府のマーク（紋章）に使われ、500円玉やパスポートにも描かれています。

樹形

畑に植えられ実をつけたキリ。枝はややまばらで、たて長の樹形になる。

90

切れこみがある葉

なめらか

うすく、明るい緑

対につく

幼い木の葉は、ふちにギザギザが出ることが多い。

80%

角が小さくつき出て、五角形になる葉も多い。

表

柄は毛が多く、ややべたつくことが多い。

見てみよう！

突然生えてくる巨大な葉

キリの葉は通常、大人の手のひらぐらいの大きさだが、高さ1〜2mの幼い木（幼木）では、直径50㎝に達する葉もあり、びっくりするほど巨大化する。これも成長が早いがための特性だろう。キリのタネはとても小さく、風に飛ばされることから、建物のわきや庭のすみに突然生えてくることも多く、しばしば人々をおどろかせる。

幼木。巨大な葉が対につく。

花

4〜6月に枝先にうす紫色の花をつける。

花の芽

実

秋〜冬に茶色く熟してさける。左は春に開く花の芽。

ユリノキ

切れこみがある葉 / なめらか / うすく、明るい緑 / 交互につく

漢字名 百合の木　英名 Tulip tree

モクレン科の落葉高木(10〜30m)
似た種類 プラタナス類(P.81)など
分布 北アメリカ原産 寒 暖

80%　10cm前後の長い柄がある。
このように切れこみが多い葉もある。
40%　紅葉
葉先は少しくぼむか、ほぼ直線になる。　表

見てみよう！ 冬の花？ 正体は実

秋にすべての葉が落ちたあと、高い枝に写真のような茶色いものがたくさん残っていることがある。「冬の花？」と、かんちがいされることもあるが、正体は実。やがて細長くばらけ、くるくる回転しながら風にまって落ちる。

樹形　幹がまっすぐのび、たて長の樹形になる。広い場所では大木になり美しい。秋はこい黄色に紅葉する。

樹皮　暗い茶色でたてにさけ、ややあみ目状になる。

花　5〜6月に咲き、黄、黄緑、オレンジ色がまじる。

Tシャツをぶら下げたような葉の形が個性的で、見分けやすい木です。ほかの木では葉の先はふつうとがりますが、ユリノキの葉先は少しくぼむか平らになり、葉が4つに切れこむことが特徴で、この形が「半纏」（昔よく使われた短めの上着）に似ていることから、「ハンテンボク」とも呼ばれました。初夏に咲く花は、ユリよりもチューリップに似ているので、「チューリップツリー」の呼び名もあります。街路樹や公園に植えられますが、とても大きくなる木で、花は高い枝の上に咲くので、なかなか近くで見られないことが残念です。

イチョウ

漢字名 銀杏・公孫樹　英名 Ginkgo tree

イチョウ科の落葉高木(10〜30m)
似た種類　特になし
分布　中国原産　暖 寒

切れこみがある葉

- なめらか
- うすく、明るい緑
- 交互につく

- 切れこみがない葉。ふちはでこぼこがある。
- すべて実物大
- 紅葉
- 中央に切れこみが一つ入る葉。
- 表
- 切れこみが深くて多い葉もある。
- うら
- まれに奇形があり、葉がラッパ形になった「ラッパイチョウ」も見つかっている。
- すじはほとんど枝分かれしない。

おうぎ形の葉っぱが独特で、すぐにイチョウと見分けられます。切れこみが一つ入った葉をよく見ますが、古い木では切れこみのない葉が多く、幼い木やいきおいよくのびた枝では、切れこみが多い葉も見られます。幹がまっすぐのび、秋はまっ黄色に紅葉して美しく、じょうぶな木なので、街路樹として日本一多く植えられています(P.113)。神社に大木が多く、公園や学校にもよく植えられます。メスの木は秋に「銀杏」と呼ばれる実をつけ、タネの中身は茶わん蒸しなどに入れて食べられますが、実の黄色い皮は犬のフンのようにくさく、さわるとかぶれることもあります。

樹形

街路樹(左)は枝を切られて細い三角形の樹形が多く、大半はオスの木。右の紅葉した木は枝が広がっている。

見てみよう！ イチョウの「乳」をさがせ！

古いイチョウの木では、太い枝のつけ根から、牛のおっぱいのような突起がたれ下がることがある。これは「乳」と呼ばれ、乳がたくさん出たイチョウは、さわると母乳がよく出るといわれ、祭られていることもある。これが根なのか、枝なのかは不明で、何の役割があるのかもわかっていない、不思議な物体だ。

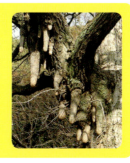

樹皮

たてにさけ、指で押さえると少し弾力がある。

実

実は直径約2cmで、中のタネはかたい。

93

ほかにもある、切れこみがある葉

ギザギザ | **うすく、明るい緑** | **交互につく**

ズミ
漢字名 酸実
バラ科の落葉小高木
分布 北海道〜九州
【寒】

3つに切れこむ葉と、切れこまない葉がまじり、いろいろな葉の形が見られます。リンゴの仲間で、初夏に白い花が咲き、秋に直径1cm弱の赤い実がつくので「小リンゴ」の呼び名もあります。高原の湿地や山地に生え、たまに公園や庭に植えられます。

実 / 葉 / 50%
柄やうらに白い毛がある。
葉の形はさまざま。
うら / おもて表

ハリギリ
漢字名 針桐
ウコギ科の落葉高木
分布 北海道〜沖縄
【寒】【暖】

カエデ類に似ていますが、葉は交互につき、直径20cm前後と大きく、ちぎるとツンとした香りがあります。枝はトゲがあり、若葉は山菜として食べられます。低地〜山地の林に点在して生え、植えられることはまれです。別名センノキ(栓の木)。

花 / トゲ / 20%
おもて表
ふつう7つにさける。

イチジク
漢字名 無花果
クワ科の落葉小高木
分布 西アジア原産
【暖】

果樹として庭や畑に植えられます。葉は長さ20〜40cmで3〜5つに切れこみ、形はさまざまです。ふちはにぶいギザギザがあり、葉をちぎると実と同じにおいがして、白いしるが出ます。花は実の中に咲くので見えず、実は夏〜秋に赤紫色に熟します。

若い実 / 20%
おもて表
ざらつく。

コシアブラ
漢字名 漉油
ウコギ科の落葉小高木
分布 北海道〜九州
【寒】【暖】

山の尾根などに生え、秋に白に近いレモンイエローに紅葉し、若葉は山菜として食べられます。葉はつけ根まで完全に切れこみ、5枚に分かれます。このような葉の形(掌状複葉)はめずらしく、トチノキ(P.69)、アケビ(P.109)、ヤマウコギなどで見られます。

紅葉 / 20%
おもて表
5枚セットの葉で、柄がある。

なめらか | **うすく、明るい緑** | **交互につく**　　　**なめらか** | **厚く、こい緑** | **交互につく**

ダンコウバイ
漢字名 檀香梅
クスノキ科の落葉低木
分布 本州〜九州
【寒】【暖】

先割れスプーンのような葉の形で、浅く3つに切れこみます。早春、葉が出る前に小さな黄色い花が咲き、秋は黄色く紅葉します。雑木林や山地の谷ぞいに生えます。よく似たシロモジは、葉の先がとがることがちがいで、西日本に分布します。

紅葉 / 花 / 40%
先はにぶい。
おもて表

キヅタ
漢字名 木蔦
ウコギ科の常緑つる植物
分布 本州〜沖縄
【暖】

木の幹や岩によじのぼり、ツタ(P.95)に似ますが、冬も葉があるので「冬蔦」の名もあります。3〜5つに浅く切れこむ葉や、切れこまない葉があります。林に生え、たまに植えられます。「ヘデラ」や「アイビー」と呼ばれる外国産の類似種が多くあります。

樹形 / 50%
うら / おもて表
葉の形は変化が多い。

94

身近な草と木をくらべてみよう ②

草と木は、何がちがうのでしょう？　茎のかたさや、春の芽出しの姿をくらべてみましょう。

草はやわらかい

花と実　／　茎

ヘチマ（ウリ科）

畑や庭で栽培される、つる性の草です。茎はやわらかく緑色です。太い茎は少しかたくなりますが、木ほどはかたくならず、冬には枯れてしまいます。

木はかたくなる

紅葉　／　茎

ツタ（ブドウ科）

木やへいに登る、つる性の木です。茎ははじめ緑色ですが、太くなるにつれて茶色っぽくなり、かたくなります（木質化）。茎が木質化することが木の特徴です。

vs.

草は地面から芽が出る

冬の姿　／　花

タンポポ（キク科）

原っぱに生える草です。冬は地面に葉がはりつき、その中央に芽がつき、春に花や若葉が出ます。このように、草は地面に芽を作るか、地中の球根、またはタネで冬をこします。

木は枝の上から芽が出る

400%
冬芽　／　芽吹き

コナラ（ブナ科 P.14）

雑木林に生える木です。枝の上に、冬をこすための芽（冬芽）がつき、春はそこから若葉や花が出ます。このように、木は地面より高い所に芽を作って冬をこします。

vs.

95

バラ類

はね形の葉
ギザギザ
うすく、明るい緑
交互につく

漢字名 薔薇　英名 Rose

バラ科の落葉低木～つる植物(0.5～2m)
似た種類 クサイチゴ(P.85)、サンショウ類(P.97)
分布 北海道～沖縄 寒 暖

- バラ（表）
- 小さな葉が2～4対ならび、1枚のはね形の葉をつくる。
- 実物大
- ノイバラ（表／うら）
- 細長い托葉がつく。
- 葉の色や形はさまざまだが、つやがあり色がこい葉が多い。
- やわらかいくしのような托葉がつく。
- 枝にかたいトゲがある。

バラの仲間は、小型のはね形の葉をつけ、枝にトゲがあることが特徴で、野生のバラと園芸用のバラがあります。単に「バラ」というと、ふつうは園芸用のバラを指します。園芸用のバラは、世界中の野生のバラから作られた無数の品種があり、花の色は赤、ピンク、黄、白、紫、オレンジなどさまざまで、多くは花びらの数が多い八重咲きです。野生のバラは、日本に約10種が分布し、身近な山野に一番多く見られるのはノイバラ(野茨／別名ノバラ)です。5～6月に白い花が咲き、秋に熟す赤い実は、あまみがあり食べられます。北日本の海辺に分布するハマナス(浜梨)は、花がこいピンク色で、葉は厚くしわが目立ちます。

花：左は園芸用のバラ、右はノイバラ。幹が立ち上がる種類や、つる状にフェンスなどにからむ種類がある。

見てみよう！ 葉の柄につく「托葉」

バラ類の葉は、柄のつけ根に「托葉」と呼ばれる小さな葉のような物体がつくことが特徴だ。托葉の形も種類ごとに特徴があり、ノイバラはくしのように深くさけ、よく似たテリハノイバラは面状になる。

150%　ノイバラ　テリハノイバラ

トゲ：幹はふつうトゲがあり、ハマナス(右)は特に多い。

実：ノイバラ(上)は径1cm弱、ハマナス(下)は径2～3cm。

サンショウ

- 漢字名 山椒
- 別名 ハジカミ（薑）
- 英名 Japanese pepper
- ミカン科の落葉低木（1〜4m）
- 似た種類 イヌザンショウ（下）、カラスザンショウ（P.103）
- 分布 北海道〜九州 寒 暖

はね形の葉

ギザギザ

うすく、明るい緑

交互につく

実物大 / **200%**
葉の先やギザギザのくぼみに、明るい点（油点）がある。

実物大
ギザギザはサンショウより細かい。

表

小さな葉がはね形に約5〜10対ならび、1枚の葉をつくる。

150%
枝に対につくトゲがある。

もむとミカンに似た強い香りがある。

くらべてみよう イヌザンショウ
サンショウにそっくりですが、トゲが交互につき、葉の香りが少し劣るので、食用には使われません。本州〜九州の山野に生えます。

トゲは1本ずつ交互につく。

葉や実に香りがあるので、昔から香辛料として料理に使われてきた木です。雑木林に生えるほか、庭や畑で栽培もされます。葉は長さ10cm前後のはね形で、もむとミカンの皮のような強烈なにおいがするので見分けられます。ふつう枝にトゲがありますが、トゲがない品種（アサクラザンショウ）もよく栽培されます。若い実の皮は、コショウに似た香りやピリピリ感があり、これを粉にしたものをウナギのかば焼きや焼き鳥にかけて食べるほか、七味唐辛子にも入っています。また、こぶのある幹は、すりこぎ（ゴマなどをすりつぶす棒）に使われます。

樹形
サンショウの庭木。秋はうすい黄色に紅葉してなかなかきれい。細かいはね形の葉が特徴。

かいでみよう！ 強い香りの「木の芽」
サンショウの若葉は「木の芽」と呼ばれ、やわらかくて強い香りがある。日本食のお店などで、焼き魚やタケノコ料理、おすまし、みそ田楽などの料理にそえて使われるけど、子どもにはちょっと好まれない味かもしれない。

サンショウの若葉

みそ田楽

樹皮
太さ4〜5cmの幹。トゲのあとがこぶになって残る。

実
メスの木は秋に赤い実がなり、黒いタネを出す。

センダン

|はね形の葉|ギザギザ|うすく、明るい緑|交互につく|

漢字名 栴檀　別名 オウチ(楝)　英名 Chinaberry

センダン科の落葉高木(5〜20m)
似た種類 モクゲンジ、ナンテン(P.111)など
分布 本州〜沖縄 暖

ギザギザはにぶい。

50%

うら

表

樹皮
たてにさけ、さけ目はややななめに交差する。

小さな葉(小葉)がさらに切れこむこともある。

小さな葉(小葉)が多数ならび、1枚の葉をつくる。

タネ

見てみよう！ 黄色い実と星形のタネ

センダンの実は、秋にうす黄色に熟し、冬も枝に残り目立つ。果肉はしもやけの薬になり、少しあまみがあるが、有毒なので食べないこと。タネは断面が星形で、ヒヨドリはタネごと丸のみする。

長さ4〜5cm前後の小さな葉(小葉)がはね形にならび、さらにそのセットがはね形にならんで、1枚の葉をつくります。上に掲載した葉は全部で1枚で、秋はこれらがまるごと落ちます。このような葉を「2回羽状複葉」と呼び、ほかにタラノキ、ナンテンなどで見られるめずらしい形です。センダンは、5〜6月に咲く白と紫の花がきれいで、秋には黄色い実がなります。本来は四国や九州、沖縄の明るい山野に生える木ですが、神社や学校、街路樹などに植えられ、鳥がタネを運ぶので、本州の関東地方から西でも野生化しています。幹の直径が1mもある大木になります。

樹形　花
花をつけたセンダン。枝を大きく広げて、横に広い樹形になる。花は直径約2cmで花びらが白く、中心は紫色。

98

タラノキ

漢字名 楤の木　別名 タランボ　英名 Devil's walking stick

ウコギ科の落葉小高木(2〜6m)
似た種類 ウド、ヤマウルシ(P.105)など
分布 北海道〜九州 寒 暖

はね形の葉

ギザギザ
うすく、明るい緑
交互につく

30%

小さな葉(小葉)が多数ならび、1枚の葉をつくる。

表

ちぎるとウコギ科特有のツンとした香りがある。

小さな葉のつけ根に、上向きのトゲがつくこともある。

山菜の王様・タラの芽
味見してみよう！
タラノキの芽は、山菜の中でも一番おいしいといわれ、ほのかな香りと歯ごたえがよく、「山菜の王様」と呼ばれる。春に芽吹いたばかりが食べごろだが、芽をとった場所は葉が生えず、全部の芽をとると木が枯れてしまうので、とりすぎないようにしよう。

樹形　トゲ

8〜9月に小さな白い花を多数つける。細い幹はトゲが多いが、太い幹では樹皮がたてにさけ、トゲは減る。

葉に特有の香りがあり、若い芽は「タラの芽」と呼ばれ、山菜(山に生えている野菜)として天ぷらやおひたしにして食べられます。林のへりや道ばた、河原など、山野の明るい場所によく生え、畑で栽培もされます。幹や葉のじくにトゲがつくことが特徴ですが、トゲがない品種(メダラ)も栽培されます。葉は、長さ5〜10cmの葉(小葉)がはね形にならんでつき、さらにそのセットがはね形にならんで1枚の葉を構成します(2回羽状複葉)。葉全体の長さは50cm〜1mにもなり、冬はこれらがまるごと落ちるので、トゲだらけの幹だけが鬼の金棒のように立った姿になります。

99

はね形の葉

ナナカマド

漢字名 七竈　英名 Rowan

バラ科の落葉小高木(3〜12m)
似た種類 ニガキ(P.112)、ニワナナカマドなど
分布 北海道〜九州 寒

ギザギザ

うすく、明るい緑

交互につく

小さな葉(小葉)がはね形に4〜7対ならび、1枚の葉をつくる。

実物大

紅葉

うら

ギザギザは細かく、するどい。

200%

向かい合う葉のつけ根に、茶色い毛のかたまりがある。

北国を代表する木で、秋は赤い紅葉と実が美しく、北海道や東北地方を中心に街路樹(P.113)や公園に多く植えられています。野生の木は山地のブナ林や高山に生え、秋はカエデ類やウルシ類とともに紅葉の主役となります。ウルシ類の葉はふつうギザギザがないのに対し、ナナカマドは細かいギザギザがあることがちがいです。木材は火がつきにくく、「7回かまどに入れても燃え残る」ことが名の由来とか。よく似たニワナナカマドやホザキナナカマドは、花が穂になって咲く低木で、葉はより細長く、たまに庭木にされます。

樹形　実

根元から複数の幹が出た樹形になることも多い。実は8〜9月から赤くなり、冬まで枝に残る。

樹皮

暗い色で、横向きのすじが少し入る場合が多い。

花

5〜7月に小さな白い花が面状に集まって咲く。

さわってみよう！

べたべたする芽 150%

ナナカマドの芽は赤い皮におおわれ、ねばる液体(粘液)を出すことが多く、指でつまむと少しべたつくことが特徴だ。この粘液は、冬に芽がこおらないようにする役割や、害虫がつくのを防ぐ役割があると考えられる。

100

オニグルミ

漢字名 鬼胡桃　別名 クルミ(胡桃)　英名 Walnut(ルナックトウ)

クルミ科の落葉高木(5〜15m)
似た種類　サワグルミ、カシグルミ、ヤチダモなど
分布　北海道〜九州 寒 暖

はね形の葉
ギザギザ
うすく、明るい緑
交互につく

実
直径4cm前後で、くすんだ黄緑〜黒色に熟す。

実物大
実の中のカラ。

葉(小葉)が5〜9対ならび、1枚のはね形の葉をつくる。

じくや葉うらに毛が多い。葉や実のしるで、かぶれることもあるという。

60%

見てみよう！ ヒツジの顔をさがせ

冬にオニグルミの枝をよく見てみよう。ヒツジのような顔がたくさんならんでいるよ。これは葉がついていたあと(葉痕)で、水分や養分が通る管の断面(維管束痕)が、目や口に見えるためだ。その上のこぶが、春に葉が出る芽(冬芽)だ。サルやウサギの顔に見えることもあるので、さがしてみよう。

樹形　樹皮
河原に生えた若い木。横広がりの樹形で、はね形の葉をたらすようにつける。樹皮はたてにさける。

表

小さなギザギザがある。

ナッツとして売られるクルミは、西アジア原産のカシグルミ(菓子胡桃／別名テウチグルミ)なのに対し、オニグルミは山野の河原や谷ぞいに生える野生のクルミです。実はカシグルミよりひとまわり小さめですが、9〜10月ごろに落ちた実を拾い、中のカラを割れば生で食べられ、しっかりクルミの味がします。ネズミはカラに穴を開けて食べ、リスはカラを二つに割って食べます。葉は大きなはね形で長さ60cm前後にもなります。カシグルミは葉のふちにギザギザがなく、日本ではまれに栽培されます。

101

はね形の葉

シンジュ

漢字名 神樹　別名 ニワウルシ(庭漆)　英名 Tree of Heaven

ニガキ科の落葉高木(8〜20m)
似た種類 カラスザンショウ(P.103)、チャンチン
分布 中国原産 寒 暖

ギザギザ
うすく、明るい緑
交互につく

はね形の葉としては、日本で見られる樹木(ヤシ類をのぞく)の中で一番長く、長いものは1mにも達します。「神樹」の名は、天の神様に届きそうなほど木が高くなるという意味です。「ニワウルシ」の別名もありますが、ウルシ(P.105)の仲間ではないので、さわってもかぶれません。メスの木は夏〜秋に赤から茶色へと変わる実をつけ目立ちます。たまに公園や街路樹に植えられ、昔はカイコのえさとして植えられた地域もあります。それらの木からタネが飛び、周囲に幼い木が多数生えてくることも多く、今では北海道〜九州まで野生化しています。

樹皮
白っぽく、たてにしわのようなすじが入る。

実
若い実。長さ約4cmで平たく、風に飛ばされる。

樹形
6月に花をつけたシンジュ。花はうすい緑色で小さく、穂状につく。

つけ根に数個の出っぱり(ギザギザ)がある。

80%

細長い葉(小葉)が10〜20対ならび、1枚のはね形の葉をつくる。

はね形の葉
ギザギザ
うすく、明るい緑
交互につく

ヌルデ

漢字名 白膠木　別名 フシノキ(五倍子の木)　英名 Japanese Sumac

ウルシ科の落葉小高木(3〜7m)
似た種類 シナサワグルミ、ウルシ類(P.105)
分布 北海道〜九州 寒 暖

お金になるこぶ!?
ヌルデの葉はときどき、じくの部分に写真のようなこぶがつく。これはアブラムシが寄生してできた「虫こぶ」(フシ)で、昔は下痢止めなどの薬に使われ、薬屋が買い取っていたので、子どもは虫こぶを集めておこづかいをかせいだという。

見てみよう!

柄は赤みをおびることが多い。

70%

ギザギザのある葉(小葉)が4〜7対ならび、1枚のはね形の葉をつくる。

じくに、細長い葉のようなもの(翼)がつく。

表

樹形 道ばたに生えた幼い木。このような小さな木を目にすることも多い。はね形の葉が枝先に集まってつく。

樹形 河原で花をつけた大人の木。逆三角形の樹形。

実 塩分をふくむ白い物質を出し、秋に茶色く熟す。

ヌルデにはめずらしい特徴があり、はね形の葉のじく(葉軸)に、「翼」と呼ばれる細長い葉のようなものがつくのです。この翼を見ればすぐにヌルデとわかります。道ばたや空き地、林のへりなど明るい場所によく生え、夏に小さな白い花を多数つけます。ウルシの仲間なので、たまに樹液でかぶれますが、ヤマウルシやハゼノキほどはかぶれません。ヌルデの名は、昔、樹液をおわんなどに「ぬる」のに使われたためという説があります。秋は寒地ほどあざやかなオレンジ〜赤色に紅葉しますが、暖地では害虫や病気のため葉がよごれることが多く、きれいに紅葉しません。

ウルシ類

漢字名 漆　英名 Lacquer

ウルシ科の落葉低木～小高木(1～12m)・つる植物
似た種類　キハダ(P.112)、ムクロジ(P.106)、ツタ(P.95)
分布　北海道～沖縄　寒　暖

はね形の葉

- なめらか
- うすく、明るい緑
- 交互につく

つけ根の葉(小葉)は小さく丸い。
時にギザギザがある。

ハゼノキ
すべて40%

葉はややかたく、光沢がある。

ツタウルシ
紅葉

※木の高さはヤマウルシが1～5m程度、ハゼノキは3～10m。ツタウルシは10m前後、木に登る。

うら

ギザギザはなく、毛もない。

ふつうギザギザはないが、小さな葉ではギザギザが出る。

表　表

紅葉
両面に毛が生える。

ヤマウルシ

ウルシの仲間には、ヤマウルシ、ウルシ、ツタウルシ、ハゼノキ、ヤマハゼ、ヌルデ(P.104)があり、明るい山野に生え、秋は赤～黄色に美しく紅葉します。枝葉を傷つけると白いしるが出て、皮ふにつくとひどくかぶれるので、覚えておきたい木です。ヤマウルシは寒地～暖地まで広く生えます。ハゼノキは関東地方～沖縄の暖地に多く、実からロウがとれるので昔はロウソクを作るため栽培されました。ハゼノキに似て葉に毛があればヤマハゼです。ツタウルシは3枚セットの葉のつる植物で、木の幹や岩に登ります。中国原産のウルシは、葉がヤマウルシより大きく、樹液をうつわにぬるため栽培されましたが、現在はまれです。

樹形
6月に花をつけたヤマウルシ。赤い柄が目立つ。

キケン！ ウルシかぶれに要注意!!

ウルシ類の樹液が皮ふにつくと、帰宅後や翌日ぐらいにかゆくなり始め、赤いぶつぶつ(湿疹)が現れる。ひどいと顔全体がはれたり、水ぶくれ状になり、治るのに1週間前後かかるなど、かなり大変だ。指に樹液がつくのは平気でも、その手で顔や体をさわってかぶれることが多いので注意。

軽いウルシかぶれ

実
ハゼノキの紅葉と実。

樹形
木の幹を登るツタウルシ。

105

ムクロジ

漢字名 無患子　**英名** Soapberry

はね形の葉／なめらか／うすく、明るい緑／交互につく

ムクロジ科の落葉高木(10〜20m)
似た種類 ハゼノキ(P.105)、カイノキ
分布 本州〜沖縄　暖

細長い葉(小葉)が4〜6対ならび、1枚のはね形の葉をつくる。

90%

うら

両面とも毛はない。

表

ハゼノキなどとちがい、じくの先たんに葉はつかない。（※このような葉を「偶数羽状複葉」という。ハゼノキは「奇数羽状複葉」）

実 直径2㎝で冬も枝に残る。

樹皮 はじめなめらかで、古い木ほどあらくはがれる。

紅葉 秋のムクロジ。大きなはね形の葉が黄色く紅葉し、なかなか美しい。

やってみよう！ ムクロジの実の石けん

秋〜春に木の下で、落ちた実をさがしてみよう。くすんだ黄色い皮の部分を水につけてこすると、石けんのように泡立ち、手を洗うことができる。これはサポニンという物質をふくむためで、エゴノキ(P.76)やサイカチの実も同じように使えるよ。

実とタネ

ややめずらしい木で、神社やお寺に古い木が見られるほか、関東地方から西で低山の谷ぞいにまれに生えます。秋に熟す実に特徴があり、黄色い皮の部分は石けんのように使えるので、昔は庭に植えてせんたくに使ったといわれます。タネは直径1.3㎝前後で黒くかたく、昔は鳥のはねをつけて羽子板の羽根に使いました。また、コンクリートなどに投げつけるとよくはずむので、スーパーボールのように遊べます。葉はハゼノキに似ていますが、はね形にならぶ細長い葉(小葉)の数が、ふつう偶数であることがちがいです。

ネムノキ

漢字名 合歓木　英名 Silk tree

円ばん形の物体(蜜腺)がつく。

マメ科の落葉小高木(4〜15m)
似た種類　フサアカシア、ジャカランダなど
分布　本州〜九州　暖　寒

はね形の葉

- なめらか
- うすく、明るい緑
- 交互につく

1cm前後の小さな葉(小葉)が多数ならび、1枚の葉をつくる。

実物大

表　うら

閉じた葉。

先たんの小葉はない。

樹形　枝を横に広げ、逆三角形の樹形になることが多い。実は平たいマメのさやの形で、秋〜冬に熟す。

実

樹皮　イボ(皮目)が散らばるか、たてすじ状になる。

花　ピンク色の長い雄しべが多数ある。

細かい葉がきれいにならぶ様子が印象的で、暗くなるとこの葉が閉じて眠ったように見えることから、「ねむの木」の名前があります。葉の形をよく見ると、小さな葉(小葉)がはね形にならび、さらにそのセットがはね形にならんで、1枚の葉をつくっています。このような形を「2回羽状複葉」といい、日本の木ではとてもめずらしい形です。山野の明るい場所に生え、林のへり、道ばた、空き地、川ぞいなどによく見られます。たまに公園や庭にも植えられます。6〜7月に、筆の先を広げたようなピンクと白の花をたくさんつけて目立ちます。

見てみよう！　さわると閉じるのは「おじぎ草」

ネムノキとまちがえやすいのが、オジギソウ。オジギソウは南アメリカ原産の小さな草で、葉をさわると閉じ、おじぎをするように見えるのでこの名前がある。ネムノキは葉をさわっても閉じず、夜になると自然に閉じる。雨の日は昼間でも閉じているし、葉を取って暗い所に置いても閉じてしまう。

オジギソウ

葉を閉じたネムノキ

はね形の葉

なめらか
うすく、明るい緑
交互につく

ニセアカシア

別名 ハリエンジュ(針槐)　英名 False acacia

マメ科の落葉高木(7～20m)
似た種類　エンジュ(下)、イタチハギ
分布　北アメリカ原産 寒 暖

「アカシアのはちみつ」の名で売られているのは、この木の花のみつで、くせのない上品なあまさが人気です。しかし、本物のアカシア類(P.112)とはちがう仲間なので、「偽アカシア」の植物名があります。葉はアカシア類よりエンジュ(槐)に似ており、枝にふつうトゲがあるので「針エンジュ」の名もあります。ときどき公園や街路樹に植えられているほか、栄養の少ない土地でも育つので、道やダムをつくる時にできた斜面や、川岸、海岸などを緑化するため多く植えられましたが、今はそれらの木が広がり、元からあった植物が追いやられて問題になっています。

葉先はわずかにくぼむ。
実物大
うら
表
やわらかい小判形の葉(小葉)が5～10対ならび、1枚のはね形の葉をつくる。

くらべてみよう　エンジュ
葉先はとがり、7～8月に白い花が咲きます。マメ科で中国原産で、街路樹や公園に植えられます。
90%

樹形　花
4～5月にブドウのふさのように白い花をぶら下げる。花やつぼみは天ぷらなどにして食べるとあまみがある。

樹皮
たてにさけ、指でおさえるとやや弾力がある。

実
秋に熟し長さ5～10cm。枝に対につくトゲがある。

やってみよう！　サンデーゲーム
ニセアカシアの葉を使った遊び。ゲーム参加者は自分の葉を決め、ちぎって印をつける。左下の葉から「月・火・水・木・金・土・日…」と時計回りに数え、日曜に当たった葉を取っていく。最後まで葉が残った人の勝ち。

A君の葉
土 日
金
木
水
火
月
B君の葉

フジ

漢字名 藤　**別名** ノダフジ(野田藤)　**英名** Wisteria

マメ科の落葉つる植物(2〜20m)
似た種類 ヤマフジ(下)、ナツフジなど
分布 北海道〜九州 寒 暖

はね形の葉

なめらか / うすく、明るい緑 / 交互につく

ゴールデンウィークのころ、紫色の花を長い穂につけてぶら下げ、よく目立ちます。公園や学校、庭などに植えられ、屋根と柱の骨組みにフジをからませた「藤棚」がよく見られます。身近な雑木林にもよく生えており、つるでほかの木に巻きつき、大きなものでは高さ10m以上、つるの太さは20cm以上にもなる、日本最大級のつる植物です。このつるはとてもじょうぶで、アケビやヤマブドウとともに、カゴなどをあむ工芸品によく使われます。よく似たヤマフジは、中部地方〜九州に生え、葉(小葉)がやや幅広く、花の穂が短く、つるの巻く向きが逆です。

枝 / 芽 / 柄のつけ根がふくらむ。/ 実物大 / ふちは少し波打つ。/ 表 / 細長い葉(小葉)が5〜9対ならび、1枚のはね形の葉をつくる。

樹形　5月に花をつけたフジ棚。花の穂の長さは30〜100cm。ヤマフジの花の穂は長さ10〜20cmほど。

樹皮　フジは左上につるが巻き、ヤマフジは逆。

実　8月の若い実。長さ10〜20cmのさや形。

くらべてみよう アケビ 40%
アケビ科のつる植物で、葉は5枚セット(3枚ならミツバアケビ)。つるは右上に巻きます。

聞いてみよう！ パンッ！とはじける実 30%
茶色く熟したフジの実は、秋〜春の間にパンッ！とはじけてさやが割れ、中のタネを10m前後も飛ばす。晴れて乾いた日にフジの近くに行けば、運がいいとはじける音を聞けるかも。もいだ実も、乾かせばはじけるよ。

タネ

はね形の葉

シマトネリコ

漢字名 島梣　英名 Evergreen ash

モクセイ科の常緑小高木(3〜15m)
似た種類　アオダモ(下)、トネリコ、ゲッキツなど
分布　沖縄・台湾〜インド原産　暖

- なめらか
- 厚く、こい緑
- 対につく

ひし形状の葉(小葉)が4〜8対ならび、1枚のはね形の葉をつくる。

柄は角ばる。

実物大

うら

表

表は光沢がある。

ギザギザはふつうない。

冬も葉をつけている常緑樹ですが、葉が細かくて涼しげな印象があるので、庭やお店のシンボルツリー(主役になる木)として人気があり、よく植えられています。初夏に細かい白花をつけて目立ちます。本来は沖縄から南の熱帯地方に生える木なので、北日本では育たず、東京周辺でも冬が寒すぎて、葉が半分ぐらい落ちることがあります。ただ、最近は温暖化の影響もあって、シマトネリコが育つ地域は広がっています。名前は「島に生えるトネリコ」の意味で、北日本でたまに見られる落葉樹のトネリコにくらべ、葉は半分ぐらいの大きさです。

樹形

花をつけた街路樹のシマトネリコ。花は白色で小さく、5〜6月にたくさん密集して咲く。

くらべてみよう
アオダモ

細かいギザギザがある。

40%

同じモクセイ科の小高木で、葉は5〜7枚セットのはね形で小さく、落葉樹なので明るい緑色です。寒い山地に生え、たまに庭木にされます。木材は野球のバットに使われます。

 見てみよう！

水につけると青くなる

切ったアオダモの枝を、コップやペットボトルに入れた水につけると、しだいに水が青くそまる。まるで蛍光ペンのような、すき通ったきれいな青色で、これが「青ダモ」の名の由来になっている。

樹皮

うろこ状にはがれ、ややまだら模様になる。

実

うすっぺらい実が秋に茶色く熟し、風に飛ぶ。

ナンテン

漢字名 南天　英名 Nandina

メギ科の常緑低木(0.5～3m)
似た種類　センダン(P.98)、センダンキササゲ
分布　中国原産　暖

はね形の葉

なめらか

厚く、こい緑

交互につく

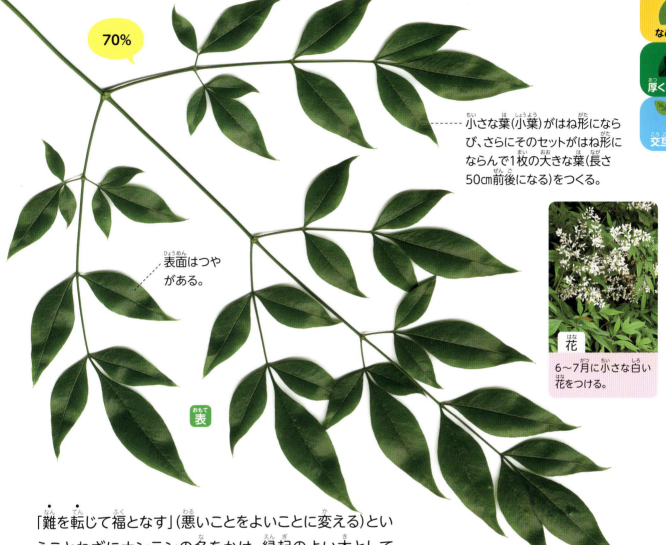

70%

小さな葉(小葉)がはね形にならび、さらにそのセットがはね形にならんで1枚の大きな葉(長さ50cm前後になる)をつくる。

表面はつやがある。

表

花
6～7月に小さな白い花をつける。

「難を転じて福となす」(悪いことをよいことに変える)ということわざにナンテンの名をかけ、縁起のよい木として昔からよく庭木にされます。雑木林やスギ林に野生化した木も見られます。鮮やかな赤い実は、お正月の飾りに使われるほか、せき止めの薬になり、のどあめにも使われます。葉は食べ物がくさるのを防ぐ効果があり、赤飯や魚料理にのせて使うこともあります。園芸用にさまざまな品種が作られており、葉が小さな品種、白い模様(斑)が入る品種、赤く色づく品種、実が白い品種などがあります。

見てみよう！

真冬の紅葉？
ナンテンは常緑樹だが、日なたの葉は冬に赤くなることがある。これは紅葉とはちがい、春にまた緑色にもどる。オタフクナンテンという品種(右)は葉が特に赤く、高さ30cm程度でよく植えられるよ。

樹形　実
細い幹をたくさん出した樹形で、ほとんど枝分かれしない。秋～冬に直径1cm弱の赤い実をたくさんつける。

111

ほかにもある、はね形の葉

ニガキ
ギザギザ ／ うすく、明るい緑 ／ 交互につく

漢字名 苦木
ニガキ科の落葉小高木
分布 北海道〜沖縄
寒 暖

名の通り、葉や樹皮がとても苦いことが特徴です。樹皮は黒っぽい茶色で点々があるか、少したてにさけ、「苦木」の名で胃腸薬に使われます。枝先の丸い芽は金色の毛におおわれます。雑木林に生え、小さな黄緑色の花が初夏に咲きますが地味です。

樹皮

表　15%

かむと苦い。

ギンヨウアカシア
なめらか ／ うすく、明るい緑 ／ 交互につく

漢字名 銀葉Acacia
マメ科の常緑小高木
分布 オーストラリア原産
暖

アカシアの仲間は多くの種類があり、日本でよく庭木にされるのは、葉が銀白色に見えるギンヨウアカシアです。5mm前後の小さな葉（小葉）が多数ならび、1枚の葉（右画像）をつくる形が独特です。2〜4月に黄色い花をつけて目立ちます。別名ミモザ。

花

2回羽状複葉と呼ばれる形。
表　60%

キハダ
なめらか ／ うすく、明るい緑 ／ 対につく

漢字名 黄膚・黄檗
ミカン科の落葉高木
分布 北海道〜九州
寒

樹皮はたてにさけ、指でおさえると弾力があります。この樹皮をはぐと、中が黄色いことが名の由来で、「黄柏」と呼ばれ胃腸薬に使われます。山地の湿った場所に生え、たまに栽培されます。葉をちぎるとミカン臭があり、柄のつけ根は芽をつつみます。

樹皮

ギザギザはほとんどない。
表　20%

ゴンズイ
ギザギザ ／ うすく、明るい緑 ／ 対につく

漢字名 権萃
ミツバウツギ科の落葉小高木
分布 本州〜沖縄
暖

雑木林に生える木で、葉はニガキと似ていますが、はね形の葉が対につくことがちがいです。秋は赤い実がわれて数個の黒いタネが見え、よく目立ちます。太い枝や幹は黒っぽい茶色で白いすじが入り、この様子が魚のゴンズイの模様に似ています。

実　枝

15%
つやが強い。
表

ニワトコ
漢字名 接骨木・庭常
レンプクソウ科の落葉低木
分布 北海道〜九州
寒 暖

林のへりなどに生える木です。長さ2cmほどの大きな芽をつけて冬をこし、春にいち早く芽吹いてクリーム色の花を咲かせます。樹皮はたてにさけ、指でおさえると少し弾力があります。幹や枝を切ると、中に白いスポンジ状の髄がつまっています。

花

うら
表　20%
長い小葉が3〜4対ならぶ。

ノウゼンカズラ
漢字名 凌霄花
ノウゼンカズラ科の落葉つる植物
分布 中国原産
暖 寒

フェンスやパーゴラ、ほかの木などにからませて庭木にされるつる植物で、真夏の7〜8月に、ラッパ形のオレンジ色の花をつけて目立ちます。葉はすじがくぼんでしわになり、ふちのギザギザが目立ちます。樹皮は明るいベージュ色で、たてにさけます。

花
あらいギザギザがある。
表　20%

日本の樹木ランキング② 街路樹の本数ベスト10

街路樹とは、道路ぞいに植えられた木のこと。日本で多く植えられている街路樹10種類を紹介します。

1位 57万本 イチョウ

三角形の樹形と、黄色くそまる紅葉が美しい。東京や大阪など都会に特に多い。→P.93

6位 28万本 クスノキ

常緑樹で唯一のベスト10入り。モコモコした樹形で、若葉も美しい。四国では1位。→P.62

2位 52万本 サクラ類

大半はソメイヨシノ（写真）で、春は花見客でにぎわう。大通りよりも細い道や川ぞいに多い。→P.18

7位 20万本 ナナカマド

北海道で断トツ1位の街路樹で、約15万本は北海道にある。まっ赤な実と紅葉が美しい。→P.100

写真提供／函館市公式観光情報サイト「はこぶら」

3位 49万本 ケヤキ

おうぎ形の樹形や、秋の紅葉が美しく、東北地方や北陸地方では1位。全国的にも増えている。→P.20

8位 18万本 日本産カエデ類

イロハモミジ（写真）やオオモミジを中心に、ハナノキなども植えられる。観光地や郊外に多い。→P.78

4位 36万本 ハナミズキ

春のかわいい花と、秋の紅葉や実が人気。小型の木なので、住宅街などせまい道に増えている。→P.74

9位 17万本 モミジバフウ

スマートな樹形や暖地でも美しい紅葉が人気。関東から西で増えており、中国地方では1位。→P.80

5位 32万本 トウカエデ

都市部や暖地でも美しく紅葉する中国のカエデで、明治時代から多く植えられている。→P.79

10位 15万本 プラタナス類

都市部の大通りに多く、昔は1位だったが、枝を切る作業や落ち葉のそうじが大変で最近は減った。→P.81

※低木類や高速道路の街路樹は除いています。出典／わが国の街路樹Ⅶ（国土技術政策総合研究所）

ヤシ類

針形の葉　厚く、こい緑

漢字名 椰子　英名 Palm

ヤシ科の常緑高木〜小高木（2〜30m）
似た種類　ソテツ(P.116)、バショウなど
分布　世界の主に熱帯地方　暖

シュロ（別名ワジュロ）

花：5〜6月にクリーム色の花が咲く。写真は雄花。実は黒紫色。

樹形：庭や公園に植えられ、本州〜九州の暖かい林にも生える。葉は手のひら形で先は折れてたれる。よく似た中国原産のトウジュロは葉先が折れない。

幹：幹は糸状の繊維でおおわれ、葉の柄のつけ根が残る。

さわってみよう！ 縄を作る材料

シュロの幹をおおうかみの毛のような繊維は、じょうぶで水に強いので、昔から縄やたわし、ほうきなどに加工して使われた。特に縄は「シュロ縄」と呼ばれ、垣根の竹をしばる縄などによく使われるよ。

ヤシ類は、まっすぐのびた幹のてっぺんに大きな葉をつける姿が特徴です。葉は細かく切れこみ、先は針のように細くなることが多く、手のひら形の葉をつける種類と、はね形の葉をつける種類があります。多くの種類が一年じゅう暖かい熱帯地方に生育しますが、日本でも暖地を中心に街路樹や公園、庭、学校などに植えられています。本州で特によく見かけるのはシュロやトウジュロで、高さは約2〜10mです。ほかに、シュロを大きくしたようなワシントンヤシモドキや、小さくしたようなシュロチク、大きなはね形の葉のカナリーヤシ、ヤタイヤシなどもときどき植えられます。

ワシントンヤシモドキ（別名オニジュロ）

樹形：メキシコ原産で街路樹や公園に植えられ、高さ10〜30mになる。葉は大きな手のひら形で、枯れ葉がたれ下がる。

花：初夏に白い花をつける。葉先は糸状にのびる。

樹皮：樹皮は白っぽい。若い幹は糸状の繊維がつく。

カナリーヤシ（別名フェニックス）

樹形：西アフリカ沖のカナリア諸島原産で、高さ5〜10mで公園や庭に植えられる。幹は太く、横長のあみ目模様がある。

葉：葉ははね形で、針状のかたい小葉がならぶ。

実：秋〜冬に長さ約2cmのオレンジ色の実がなる。

ユッカ類

学名 Yucca　別名 キミガヨラン(君が代蘭)

キジカクシ科の常緑低木(1〜3m)
似た種類　ニオイシュロラン(下)、センネンボク
分布　北アメリカ原産 暖

針形の葉

一見するとヤシ類に似ていますが、葉が剣のような形で、木の高さも低いことがちがいです。ユッカ類は、アメリカ〜メキシコ周辺の砂ばくのような乾燥した場所に多くの種類が分布し、木のてっぺんに高い茎をのばし、鈴のような白い花をつける姿が印象的です。日本では、アツバキミガヨランをはじめ、キミガヨラン、イトラン(葉のふちが糸状になる)などが庭や公園、学校などに植えられるほか、「青年の木」の名で鉢植えにされる観葉植物もユッカの仲間です。キミガヨランの名前は、学名(世界共通のラテン語の名前)の「gloriosa」が「栄光ある」という意味で、葉や花がランに似るため、つけられたようです。

アツバキミガヨラン (別名ユッカラン)

花
樹形

樹皮
横向きのすじがたくさんある。

厚く、こい緑

樹形
短い幹の先に、葉が丸く集まってつく。枯れた葉はたれ下がる。

名の通り葉は厚く、曲がらない。写真の木は下部の葉の先を切られている。葉がとがるので、ふつうは人の入らない場所に植えられる。花は5〜6月と秋に咲く。

くらべてみよう
ニオイシュロラン

キミガヨランに似ていますが、葉が細く、樹皮はあみ目状にさけ、木は高さ2〜7m前後と大きくなります。葉はやわらかく、ややたれ下がります。ニュージーランド原産で、庭や公園、街路樹などに植えられます。5〜6月に、いいにおいのする小さな白花をつけます。

花

樹皮

樹形

キミガヨラン

樹形

アツバキミガヨランより葉が細長くやわらかいので、やや曲がってたれ下がる。たまに公園や庭に植えられる。

キケン！　剣のようにとがる葉先

アツバキミガヨランの葉は幅5cmぐらいでかたく、先はまるで剣のようにするどくとがる。英語では「スペインの短剣」を意味する「Spanish dagger」という名前もある。ちょうど人の目の高さにこの葉が生えるので、うかつに近づくと本当に危険だ。安全のためには、葉先を切っておくとよい。

115

ソテツ

針形の葉 / 厚く、こい緑

漢字名 蘇鉄　英名 Fern palm

ソテツ科の常緑低木(1〜4m)

似た種類 ヤシ類(P.114)

分布 (本州・四国)・九州・沖縄 暖

外見はヤシ類(被子植物)に似ていますが、まったく別の仲間で、マツなどの針葉樹に近い裸子植物です。はね形の葉は先が針のようにかたくとがり、幹は太く黒くて短いことが特徴です。どっしりとして上品な雰囲気のある木なので、関東地方から西で庭や公園、学校、お寺などによく植えられています。野生のソテツは九州南部から沖縄の暖かい海辺に生えます。夏に大きな花が咲き、メスの木は秋にオレンジ色の実がなります。実は昔は非常用の食料にされましたが、毒分もふくむので、しっかり毒ぬきをしないと死ぬこともあったようです。

実物大

うらは毛がある。

うら

表

40%

先はするどくとがり、さわると痛い。

表は暗い緑色。

柄はトゲがつき、茶色い毛が生える。

やってみよう！

ソテツの虫かご

ソテツがたくさん生えている沖縄では、ソテツの葉で虫かごをあむ遊びが昔からあるよ。するどい葉先には要注意だけど、バッタやセミなどの大きな虫なら、実際に入れることができる。作り方を調べて作ってみよう。

樹形　花

黒く太い幹の先に葉が集まる。幹は曲がることも多い。クリーム色に見えるのは雄花で、長さ50cmにもなる。

樹皮

葉の柄のつけ根が幹に残り、あみ目模様になる。

実

雌花は丸い形で、その中にオレンジ色の実がなる。

メタセコイア

英名・学名 Metasequoia　別名 アケボノスギ(曙杉)

ヒノキ科の落葉高木(15～35m)
似た種類　ラクウショウ(下)、スイショウ
分布　中国原産 寒 暖

針形の葉

針葉樹の中ではめずらしい落葉樹(冬に葉を落とす)で、かなりの大木になります。葉の形はモミ(P.118)に、樹形はスギ(P.122)に似ていますが、落葉樹なので葉が明るい黄緑色で、やわらかいことが大きなちがいです。秋はオレンジ～レンガ色に紅葉して見ごたえがあります。もともと化石だけが知られていた木で、1945年に中国の山奥で生きた木が発見され、「生きた化石」と呼ばれ話題になりました。現在では公園や学校、街路樹などによく植えられ、樹形が美しいので特に並木道に好まれます。名前は学名や英名の読み方に由来します。

枝も葉も対につく。

葉はやわらかく、さわっても痛くない。

表

うすく、明るい緑

実物大

樹形：整った三角形の樹形で、黄緑色の葉をモコモコとつける。秋はレンガのような色に紅葉し、次第に色こくなる。

紅葉

樹皮：赤茶色でたてにさけ、根元はすじばることが多い。

実：長さ2cm前後の松ぼっくり状で、秋～冬に落ちる。

くらべてみよう
ラクウショウ

メタセコイアに似ていますが、葉や枝が交互につき、幹のまわりにときどき気根(下参照)が出ることがちがいです。「落羽松」の名は、落葉する羽のような葉のマツの意味です。北アメリカ原産で、湿地に生えるのでヌマスギ(沼杉)の別名もあり、公園や池のほとりに植えられます。実は直径2～3cmで丸く、秋に熟してばらけます。

メタセコイアにくらべて葉は短め。

表

葉も枝も交互につく。

見てみよう！ 地面から出るひざのような根

水辺や湿った場所に植えられたラクウショウでは、幹のまわりに高さ30cm前後の不思議な突起が生えてくる。これは呼吸をするための根(気根)で、ひざ(膝)を立てたように見えるので「膝根」とも呼ばれ、とてもユニークな特徴だ。

117

モミ類

針形の葉 厚く、こい緑

漢字名 樅　英名 Fir

マツ科の常緑高木(15〜40m)
似た種類　トウヒ類(下)、ツガ、シラビソ、トドマツ
分布　本州〜九州　寒・暖

モミ類はクリスマスツリーに使う木として知られ、幹をまっすぐのばし、ツンツンした青黒い葉をつけて大木(P.35)になります。山地の尾根や岩場に生え、神社や公園、広い庭などにも植えられます。標高1000m以下の山にはモミが生え、標高1500m前後の山には葉のうらが白いウラジロモミが生えます。モミは大気汚染に弱いのに対し、ウラジロモミは強いので、都市部で植えられるのはウラジロモミの方が多いようです。両種とも、若い木では葉の先が二またに分かれてとがることが特徴で、大きな木では葉の先は丸くくぼみます。

モミ
- うら / 実物大
- 枝に黒い毛がある。
- うらは少し白い線が2本ある。
- 200% 葉先は2本に分かれるか、くぼむ。

ウラジロモミ
- 実物大 / うら / 表
- うらの線は特に白い。
- 枝に毛はない。

くらべてみよう ドイツトウヒ
モミに似ていますが、葉は表とうらの区別がなく、実は長さ10〜20cmでたれ下がってつきます。ヨーロッパ原産で主に寒地で公園や庭に植えられます。クリスマスツリーにも使われます。

- 葉先は1本でとがる。
- 200% 表
- 枝は赤茶色で毛はない。

樹形
左は幼いモミ、右は大人のモミ。枝をななめ上にのばし、三角形の樹形になる。葉はやや青白く見える。

樹皮
モミの樹皮はやや白く、次第にあみ目状にさける。

実
長さ10cm前後で、秋に熟すとばらける。

見てみよう！ クリスマスツリーは何の木？
日本でクリスマスツリーに使われる木は、ウラジロモミ、モミ(右写真)、ドイツトウヒが中心。本場ヨーロッパでは、ヨーロッパモミやドイツトウヒが多いという。君の街のクリスマスツリーは何の木か、葉を見て調べてみよう。

イチイ類

漢字名 一位　**別名** オンコ・アララギ　**英名** yew

イチイ科の常緑低木～高木(0.3～20m)
似た種類 カヤ(下)、イヌガヤ、センペルセコイア
分布 北海道～九州 寒 暖

針形の葉　厚く、こい緑

イチイ科の木には、イチイ、キャラボク(伽羅木)、カヤ(榧)があります。イチイはやわらかい葉がはね形にならんでつき、うらが緑色なことが特徴で、高木にもなります。イチイの変種のキャラボクは、葉がらせん状につき、高さはふつう1m前後の低木です。イチイは主に北日本で、キャラボクは全国で庭や公園、生垣に植えられ、丸や四角形、円すい形などに刈りこまれたりします。いずれも野生の木は寒い山地に生え、メスの木は秋に赤い実をつけ、あまく食べられますが、タネは有毒なので飲みこまないようにしましょう。一方、カヤは低山に生える高木～低木で、葉はかたく、実は黄緑色で、たまに庭や公園に植えられます。

キャラボク 葉は枝の全方向につき、長さは短め。
イチイ 葉は枝の両側にならんでつく。
実物大
表
うら　うすい緑色の線(気孔帯)が2本ある。
さわっても痛くない。

さわってみよう！ 葉の先は痛い？ 痛くない？
キャラボクやイチイ、イヌガヤ(イヌガヤ科)の葉はやわらかいので、葉先をさわっても痛くない。けれども、カヤやモミ、ドイツトウヒの葉先は、さわると刺さって痛いので要注意！

樹形　イチイ　キャラボク
左はイチイの若い木。樹形はやや乱れ、枝はななめ上にのびる。右は枝ごとに刈りこまれたキャラボクの庭木。

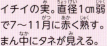
実　イチイの実。直径1cm弱で7～11月に赤く熟す。まん中にタネが見える。

葉　イチイとキャラボクの葉。ときどき中間形もある。

くらべてみよう カヤ
表　うら　白い線が2本ある。
実物大
さわると痛い。

かいでみよう！ グレープフルーツの香り
カヤの葉や枝をちぎって、切り口のにおいをかぐと、グレープフルーツのような香りがするよ。秋になる実は長さ2～3cmの黄緑色で、やはりグレープフルーツの香りがする。タネはアーモンドのような形で、炒って食べることもできるよ。

119

針形の葉

マツ類

漢字名 松　英名 Pine

マツ科の常緑高木(5～35m)
似た種類　マキ類(P.121)、ダイオウマツ
分布　北海道～沖縄　暖・寒

厚く、こい緑

さわっても痛くない。

アカマツよりも葉が太くかたく、さわると痛い。

クロマツ

芽は赤茶色。

すべて実物大

さわってもあまり痛くない。

葉は5本ずつつき、やや青白い。

アカマツ

アカマツやクロマツの葉は2本ずつつく。

芽は白っぽい。

ゴヨウマツ

ふつう「マツ」と呼ばれているのは、幹が赤くて山によく生えるアカマツと、幹が黒くて海辺によく生えるクロマツの2種です。いずれも、針のような長さ10cm前後の葉が2本ずつたばになってつき、庭や公園にも植えられ、大気汚染に強いクロマツは街路樹にもされます。ほかに、葉が5本ずつつくゴヨウマツ(五葉松)もマツの仲間で、山奥にまれに生え、庭木や盆栽にされます。マツ類は、春にクリーム色の地味な花をつけ、大量の花粉を飛ばします。実は「松ぼっくり」や「松かさ」と呼ばれ、秋に熟してタネを飛ばした後も、何年も枝に残るので一年じゅう観察できます。

樹形　アカマツ　クロマツ

左は野生のアカマツ。幹はやや曲がり、不ぞろいの樹形になる。右は手入れされた庭園のクロマツ。

見てみよう！ 松ぼっくりの開閉

松ぼっくりは、天気によって開いたり閉じたりするよ。晴れて乾燥した日は、ひだ(鱗片)が開き、すき間から、はねのついたタネを風に飛ばすが、雨の日は閉じてしまう。つまり、タネが遠くに飛びやすい日に開くというわけだ。拾った松ぼっくりも、水にぬらすと1時間ほどで閉じ、1～2日ほど乾かすとまた開くよ。

開いた松ぼっくり

閉じた松ぼっくり

樹皮　アカマツ　　樹皮　クロマツ

アカマツはやや赤っぽく、あみ目状にさける。

クロマツはやや黒っぽく、あみ目状にさける。

マキ類

漢字名 槙・槇　英名 Podocarp

マキ科の常緑高木（3～20m）
似た種類　コウヤマキ（下）、タイミンタチバナ
分布　本州～沖縄 暖

針形の葉

イヌマキ
葉の長さはふつう8～15cm。

すべて実物大

枝先に葉が集まってつく。

ラカンマキ
葉先はとがるが、さわってもあまり痛くない。

両面にみぞがあり、うら面のみぞは白っぽい。

葉が5cm前後で短いものはラカンマキと呼ばれる。

コウヤマキ（くらべてみよう）
葉先はわずかにくぼむ。

厚く、こい緑

イヌマキより葉が細く、ときどき庭木にされます。コウヤマキ科で本州～九州に分布。

マキ類はやや平べったい葉が特徴で、暖地では庭や公園、生垣、神社などによく植えられます。樹形はやや乱れた三角形で、マツと同じような樹形に仕立てられた庭木をよく見かけます。メスの木は雪だるまのような実をつけ、赤～黒紫色の部分はドロッとしてあまく食べられます。葉が長いイヌマキと、その変種で葉が短いラカンマキがありますが、中間型もあります。イヌマキは暖かい海辺の林にも生え、ラカンマキは中国原産といわれます。単に「マキ」とも呼ばれますが、「イヌ」は、「本物に劣る」という意味があり、コウヤマキ（高野槙）を本物のマキとする考えもあります。

やってみよう！ イヌマキのしゅりけん
イヌマキの葉は、先があまりとがらず、パキッと折れ曲がるので、遊びに使いやすい。4枚または2枚の葉を半分に折って組み合わせれば、大小のしゅりけんが作れるよ。

樹形　花

左は門の上に枝をのばすように仕立てられた「門かぶり」と呼ばれる樹形のイヌマキ。花は5～6月に咲く。

樹皮　明るいベージュ色で、たてに細かくさける。

実　10～12月に熟す。つけ根側が食べられ、先はタネ。

121

スギ

漢字名 杉　英名 Japanese cedar

ヒノキ科の常緑高木(15〜40m)
似た種類　ヒムロスギ(下)、ネズミサシ
分布　(北海道)・本州〜九州 寒 暖

針形の葉

厚く、こい緑

葉は長さ1cm前後で、カマのように曲がり、枝にらせん状につく。

葉があまり開かないものもある。

すべて実物大

日なたの葉は冬に赤茶色に色づくことがある。

雄花。ここから花粉が出る。

さわると少し痛い。

くらべてみよう
ヒムロスギ

葉はスギに似ていますが、短くて青白いことがちがいです。サワラ(P.124)の品種でたまに庭木にされる小高木です。別名ヒムロ。

実物大

さわっても痛くない。

茶色い枯れ葉が残りやすい。

幹がまっすぐのびるので「スギ」の名があり、日本の樹木で一番背が高く、一番長生きする木です。最大級のものは高さ60m、樹齢3000年前後になり(P.35)、屋久島の「屋久スギ」が長寿で有名です。成長が早く、木材が優れることから、日本で一番多く植林されており、低地〜山地まで各地にスギ林が見られます。神社にご神木として植えられることも多く、ときどき庭木や生垣にもされます。野生のスギは寒地の山に生えます。葉は少し曲がった独特の形で、油分をふくんで燃えやすいので、火をおこす時に使われます。丸い実が一年じゅう枝についていることも特徴です。

樹形　植林されたスギ。たて長の三角形の樹形で、モコモコと葉が丸く集まってつく。右は冬に赤茶色に色づいた木。

さわってみよう！ スギの花粉は悪者？

スギの花は1〜4月に咲き、茶色い雄花をつつくとけむりのように花粉を出すよ。この花粉でアレルギー症状をおこし、鼻水が出続けたり、目がかゆくなったりするのがスギ花粉症。日本人はスギを大量に植えたのに、スギより安い外国の木材を多く使い続け、その結果、花粉が大気汚染物質と結合して花粉症をおこすようになったといわれる。

樹皮　茶色で、たてにやや細くさける。

実　直径約2cmで、秋に熟し小さなタネをこぼす。

ヒマラヤスギ

漢字名 喜馬拉雅杉　英名 Himalayan cedar

マツ科の常緑高木（10～30m）
似た種類　カラマツ（下）、ゴヨウマツ（P.120）
分布　ヒマラヤ地方原産 寒 暖

針形の葉

厚く、こい緑

「スギ」と名がつきますがマツの仲間で、やや青白い針状の葉が数十本ずつたばになってつくことが特徴です。ヒマラヤ（世界一高い山のエベレストがある山地）の名前とはうらはらに、暖地でもよく育ち、じょうぶで樹形がととのうので、北海道～九州まで公園や学校、街路樹などによく植えられています。枝先がたれる樹形が独特で、立派な大木になるのですが、電線があるせまい場所や、生垣のように植えられた木では、枝や幹をばっさり切られてまるでちがう姿になっています。秋にクリーム色の花と、大きな実（松ぼっくり）をつけます。

さわると痛い。

実物大

若い葉は白みが強い。

長さ3～5cmの葉がたばになってつく。

見てみよう！ スギに咲く「バラ」

ヒマラヤスギの実は、日本で見られる松ぼっくりとしてはダイオウマツやドイツトウヒとならんで大型。けれども、秋に熟すとばらけてしまうので、地面に落ちた破片を拾うしかない。そのうち、実のてっぺん部分はバラの花のような形になり、「シダーローズ」と呼ばれてリースなどの飾りに使われるよ。

実のてっぺんの部分

樹形

ととのった三角形の樹形で、枝先はたれ下がる。右写真のように、太い枝や幹を切られた木も多い。

樹皮

黒っぽい茶色で、あみ目状～たてにさける。

実

長さ10cm前後で、高い枝の上側につく。

くらべてみよう
カラマツ

樹形

葉はヒマラヤスギに似ていますが、落葉樹なので色が明るく、やわらかいことがちがいです。マツ科の高木で、北海道や本州の寒地に広く植林され、その面積はスギ、ヒノキに次いで3番目です。野生の木は高山に生えます。秋は黄～黄金色に紅葉して目立ちます。

実物大

葉は長さ2～3cm。明るい黄緑色。さわっても痛くない。

うろこ形の葉

ヒノキ

漢字名 檜・桧
英名 Japanese cypress

ヒノキ科の常緑高木(10〜30m)

似た種類 サワラ(下)、アスナロ(P.125)など

分布 本州〜九州

厚く、こい緑

最高級の建築材になる木で、木材はじょうぶで色が明るく、よい香りがします。奈良県の法隆寺・五重の塔や東大寺など、歴史的なお寺や大仏にヒノキが多く使われており、樹皮はお寺などの屋根(檜皮葺)にも使われます。野生の木は山奥に生えますが、木材を生産するため各地で植林され、植林面積はスギに次いで全国2位です。うろこ状の小さなものが1枚の葉で、うら側の白い模様(気孔帯)で類似種と見分けられます。昔はこの木で火をおこしたため、「火の木」が名の由来といわれます。チャボヒバやクジャクヒバ(P.127)など、あまり大きくならない庭木用の品種もあります。

葉先は丸い。
200%
葉うらに白いY字形の模様がある。
うら
実物大
表
うろこのような小さな葉が、たくさんならんでつく。

くらべてみよう
サワラ

ヒノキにそっくりですが、葉のうらの白い模様はX字形(チョウチョ形)です。ヒノキ科の高木で、公園や神社などに植えられ、たまに山に植林されます。野生の木は本州や九州の山奥にまれに生えます。

葉先はヒノキよりとがる。
実物大
200%
表
うら
葉うらに白いX字形の模様がある。

樹形　チャボヒバ
幹はまっすぐのび、三角形の樹形になる。右は刈りこまれたチャボヒバで、枝葉がヒノキより密集してつく。

樹皮
赤茶色で、スギにくらべやや幅広くたてにさける。

実
直径約1cmで秋に茶色く熟し、タネをこぼす。

かいでみよう！ さわやかなヒノキの香り

ヒノキが人気のある理由の一つが、木材やちぎった葉に、ツンとしたさわやかな香りがあることだ。建築材のほかにも、風呂やおけ、まな板、家具、入浴剤にもよく使われる。この香りは殺菌効果があるといわれ、ヒノキの葉は魚料理や食べ物にそえられることもあるよ。

コノテガシワ

漢字名 児の手柏・側柏
英名 Chinese arborvitae

ヒノキ科の常緑小高木（1〜10m）
似た種類 ニオイヒバ（P.127）、ヒノキ（P.124）
分布 中国原産 暖 寒

うろこ形の葉

コノテガシワの葉は表とうらの区別がなく、枝葉がたて向きにつくことがヒノキなどとのちがいで、この様子が、子どもが手を広げているように見えることから「児の手」の名前があります。「柏」の字は、カシワ（P.15）にも使われますが、中国ではコノテガシワを指す漢字です。本来は高さ10m近くになりますが、庭木用の背が低い品種が多くあり、葉が黄色をおびる「黄金コノテガシワ」や、細長い樹形の「エレガンティシマ」などがコニファー（P.127）として庭や公園によく植えられています。よく似たニオイヒバとちがい、葉に香りはありません。

厚く、こい緑

ふつうのコノテガシワは枝葉がややまばら。
200%
うらも表もほぼ同じで、白い模様はない。
表
エレガンティシマの葉。
実物大
うら
表
黄金コノテガシワは葉が密集して黄色をおびる。

樹形

黄金コノテガシワはしずく形の樹形。右は冬に赤茶色になったエレガンティシマで、夏は黄緑色にもどる。

花
雄花は茶色（写真）、雌花はクリーム色で春に咲く。

樹皮
明るい茶色で、たてに細かくさける。

くらべてみよう アスナロ

葉は大型のうろこ状で、ちぎると香りがあります。本州〜九州の山地に生える高木で、庭や公園にも植えられます。葉が少し小さな変種にヒノキアスナロがあります。

表
実物大
うら
200%
うらに白いW字形の模様がある。

見てみよう！ 「こんぺいとう」みたいな実

コノテガシワの若い実は、長さ1〜2cmで白っぽく、角のような突起があり、まるで駄菓子の「こんぺいとう」みたい。この実を取って、投げたりして遊んだことがある人も多いのでは？ 秋になると実は茶色く熟し、さけて中から卵形のタネが出るよ。

カイヅカイブキ

うろこ形の葉

漢字名 貝塚伊吹　英名 Dragon juniper

ヒノキ科の常緑小高木(1〜7m)

似た種類　コロラドビャクシン(P.127)など

分布　(北海道〜沖縄)

厚く、こい緑

実物大／200%

表もうらも同じ。

葉は1mm前後のうろこ状で、枝に密着している。

葉はやや青白い。

カイヅカイブキ

ときどき現れる針状の葉。さわると痛い。

タマイブキ

樹形：カイヅカイブキの街路樹。モコモコした枝葉が、ななめにねじれながらのびる樹形が特徴。

樹皮：茶色〜灰色で、たてに細かくさけてはがれる。

実：直径1cm弱で白っぽく、秋に黒紫色に熟す。

樹形／イブキ

左はきれいに刈りこまれた庭木のカイヅカイブキ。右は野生のイブキで、樹形はやや乱れることが多い。

炎のように枝葉をのばす姿が独特で、庭や公園、生垣、街路樹、神社などに植えられ、いろいろな形に刈りこまれます。葉は小さなうろこ状ですが、太い枝を切られた場所では、針状の葉もあらわれます。野生の木はイブキ(別名ビャクシン)と呼ばれ、海岸や岩場に生え、葉は青白い色ですが、植えられるものは大半がイブキの園芸用の品種であるカイヅカイブキで、葉は鮮やかな緑色でよく密集します。「カイヅカ」の名は、大阪府の貝塚市に由来するといわれます。ほかに、小さな玉状の樹形になる品種のタマイブキや、幹が地をはう変種のミヤマビャクシン(ハイビャクシンとも呼ばれる)などがあり、庭や公園に植えられます。

タマイブキは高さ0.5〜1m程度の低木で、樹形は丸くまとまる。

ミヤマビャクシンはふつう高さ50cm以下で、幹や枝は地をはってのびる。

見てみよう！ トゲトゲの葉をさがせ！

カイヅカイブキの木をよくさがすと、ときどき針のような青白い葉が見つかる。その近くには、枝を切られたあとがあるはずだ。このトゲトゲの葉は、枝葉が食べられたり切られたりするのを防ぐための防御と考えられ、赤ちゃんの木ではトゲトゲの葉ばかりだよ。

コニファー類

英名 Conifer

主にヒノキ科の常緑低木～小高木(0.1～10m)
似た種類 —
分布 (北海道～沖縄) 寒 暖

うろこ形の葉

厚く、こい緑

コニファーとは、針葉樹全体を指す英語ですが、日本では園芸用に作られた針葉樹の品種のことを指して使われます。その大半はヒノキ科の木で、葉は黄色、黄緑、青緑などのうろこ状または小さな針状で、樹形は三角形状で高さ約5m以下のものが多く、庭や公園によく植えられます。古くから日本にあるヒノキやサワラ(ともにP.124)、コノテガシワ(P.125)、イブキ(P.126)の品種もふくまれますが、近年は北アメリカ原産の品種が人気があります。以下に代表的な種類を紹介します。※葉の画像はすべて実物大です。

ヒヨクヒバ

サワラの品種で、枝先が糸のようにのびてたれ、葉うらはX字形の模様がある。別名イトヒバ。葉が黄色い品種「黄金ヒヨクヒバ」も多い。

うら

黄金ヒヨクヒバ
葉

ゴールドクレスト

北アメリカ原産のモントレーイトスギの品種。葉は蛍光の黄緑色で、小さな針状かうろこ状で、表とうらの区別はない。

樹形

シノブヒバ

サワラの品種で、葉は小さな針状で、うらはX字形の模様がある。葉が黄色い品種「黄金シノブヒバ」(別名ニッコウヒバ)が生垣に多い。

うら

黄金シノブヒバ
葉

ヨーロッパゴールド

北アメリカ原産のニオイヒバの品種で、枝先の葉が黄色く、うらに模様はない。葉をもむとフルーティな香りがする。

表

樹形

クジャクヒバ

ヒノキの品種で、枝葉がクジャクの尾のように長くのびる。葉うらに模様はない。葉が黄色い品種「黄金クジャクヒバ」が多い。

おもて表

黄金クジャクヒバ
葉

コロラドビャクシン

北アメリカ原産で、細い三角樹形。葉は青白く、表とうらの区別はない。品種に「ブルーヘブン」「スカイロケット」など。

樹形

レイランドヒノキ

北アメリカ原産のモントレーイトスギとアラスカヒノキの雑種。葉はヒノキに似るが青緑色をおび、うらに模様はない。

表

葉

ブルーアイス

北アメリカ原産のアリゾナイトスギの品種で、青白い葉が雪の結晶のように枝分かれする。葉に表とうらの区別はなく、小さな点がある。

葉

用語解説

本書で使用した用語の意味を解説します。
【】内の用語は、専門的な呼び方を表します。

切れこみのない葉【単葉】（ネコヤナギ）

ギザギザ
葉のふちにあるギザギザ【鋸歯】。ギザギザがあるふちを【鋸歯縁】といい、ないふちを【全縁】という。

托葉
葉の柄のつけ根につく1対の小さな葉のようなもの。すぐ落ちる場合や、ない場合が多い。

葉の長さ
本書では、葉の面状の部分【葉身】の長さを「葉の長さ」とした。

はね形の葉【羽状複葉】（フジ）

じく
小葉がつくじくの部分【葉軸】。

葉の柄
葉の柄の部分【葉柄】。

小葉
葉の面状の部分がいくつもある場合、その一つ一つを指す。

はね形の葉の見分け方

はね形の葉は、もともと大きな1枚だった葉【単葉】に切れこみが入り、完全に小さく分かれた形【複葉】と考えればよい。けれども、切れこみのない葉がたくさんならんでいるようにも見え、慣れないうちは見分けにくい。そんな時は、芽のつく位置を確認するとよい。下の図のように、芽は必ず葉のつけ根の枝につき、葉の上にはつかない。つまり、芽から上が葉っぱで、はね形の葉のじくには芽はつかない。

幼い木
芽生えたばかりで、まだ花や実をつけない木【幼木】。

オスの木
木の種類によっては木1本ごとにオスとメスの区別があり、そのうちオスの木【雄株】を指す。オスの木は雄花が咲き、実はならない。

大人の木
十分に成長して、花や実をつけるようになった木【成木】。

雄花
雄しべ（花粉を出す器官）のみがあり、雌しべがない花のこと。

科
生物をグループ分け【分類】する時に使われる、基本となるグループの単位【分類階級】。

寒地
ミズナラ、ブナなどの落葉樹が多く生える、比較的寒い地域。北海道、青森、長野など。→P.13

木
茎が毎年成長して太くかたくなり、地面より高い場所に芽をつけて冬をこす植物。草とのちがいはP.34、95を参照。

原産
その植物がもともと野生で見られる地域。

高木
明確な決まりはないが、成長すると高さ約10m以上になる木。

雑種
種類のちがう二つ以上の生物が、かけ合わさってできたもの。

山地
山が広がる地域。明確な決まりはないが、標高約300m以上の地域。それ以下は低地という。

樹皮
木の幹や枝をおおう皮。特に、幹の皮を指すことが多い。

小高木
明確な決まりはないが、成長すると高さ約3～10mになる木。

常緑樹
一年じゅう緑色の葉をつけている木。→P.10

暖地
シイ類、カシ類などの常緑樹が多く生える、比較的暖かい地域。東京、大阪、沖縄など。→P.13

つる植物
ほかのものに巻きついたり、はりついたり、よりかかってのびる植物。つる植物にも木と草がある。

低木
明確な決まりはないが、成長してもふつう高さ約3m以下の木。

どんぐり
ふつうはブナ科のクヌギ類、ナラ類、カシ類、マテバシイ類の実【堅果】を指す。お碗（または帽子）と呼ばれる部分は【殻斗】という。

皮目
幹や枝の樹皮にある器官で、通常は小さな点状。形や大きさはさまざまで、呼吸を行う役割がある。

品種
花、葉、実などの色や形が、ふつうの野生植物とは少しちがうもの。特に、園芸用や食用などに利用するために選び出したものを、【栽培品種】や【園芸品種】という。

変種
植物の種類は、【種】という単位を基本に区別されるが、同じ種の中でも、形や分布域が少しちがうものを、【変種】や【亜種】として区別することがある。

蜜腺
みつを出す器官で、通常は小さな点状。花にあることが多いが、葉にある植物もある。→P.18

芽
成長する前の小さな状態の葉や枝、花。特に、冬をこすための芽を【冬芽(冬芽)】という。

メスの木
木の種類によっては、木1本ごとにオスとメスの区別があり、そのうちメスの木【雌株】を指す。メスの木は雌花が咲き、実がなる。

雌花
雌しべ（花粉を受けて実になる器官）のみがあり、雄しべがない花のこと。一方、雄しべも雌しべもある花は【両性花】と呼ぶ。

八重咲き
花びらの数が通常より多いこと。

野生(化)
生物が人の手によらず、自然に育っていること。人が植えた植物が広がり、野生のように見える場合を【野生化】という。

落葉樹
冬に葉をすべて落とす木。→P.10

さくいん

「太字」は大きく紹介した種類、「細字」は小さく紹介した種類や、文章のみで紹介した種類です。

ア
アオイ科 ……………… 32、84、89
アオキ ……………………………46
アオキバ→アオキ ………………46
アオギリ …………………………89
アオダモ …………………………110
アカイタヤ→イタヤカエデ ……79
アカシア …………………108、112
アカシデ …………………………22
アカネ科 ………………… 44、51
アカマツ ……………… 12、35、120
アカメガシワ ……………………88
アカメモチ→カナメモチ ………39
アカメヤナギ ……………… 10、27
アキグミ …………………………72
アキニレ …………………………20
アケビ ……………………………109
アケボノスギ→メタセコイア 117
アサクラザンショウ ……………97
アジサイ …………………………31
アジサイ科 ……………… 28、31
アスナロ …………………………125
アセビ ……………………………53
アツバキミガヨラン ……………115
アテ ………………………………13
アベマキ …………………………16
アベリア …………………………44
アメリカスズカケノキ …………81
アメリカフウ→モミジバフウ……80
アメリカヤマボウシ→ハナミズキ ……74
アラカシ …………………………38
アララギ→イチイ ………………119
アリゾナイトスギ→ブルーアイス 127

イ
イイギリ …………………………76
イタジイ→スダジイ ……………59
イタヤカエデ ……………………79
イタリアポプラ …………………26
イチイ ……………………… 13、119
イチジク …………………………94
イチョウ … 12、13、35、93、113
イトヒバ→ヒヨクヒバ……………127
イヌガヤ ……………………10、119
イヌグス→タブノキ ……………61
イヌザンショウ …………………97
イヌシデ …………………………22
イヌツゲ …………………………44
イヌビワ …………………………66
イヌブナ …………………………70
イヌマキ …………………………121
イブキ ……………………………126
イロハモミジ ……………… 78、113

ウ
ウコギ科 …………86〜87、94、99
ウサギの耳→シロダモ …………63

ウスギモクセイ …………………49
ウツギ ……………………………28
ウバメガシ ………………… 12、40
ウメ ………………………… 13、19
ウラジロガシ ……………………38
ウラジロモミ ……………………118
ウリハダカエデ …………………79
ウルシ ……………………………105
ウルシ科 …………………104〜105
ウンシュウミカン ………………64

エ
エゴノキ …………………………76
エゾマツ …………………………13
エノキ ……………………… 21、34
エレガンティシマ ………………125
エンコウカエデ→イタヤカエデ 79
エンジュ …………………………108

オ
黄金クジャクヒバ→クジャクヒバ 127
黄金コノテガシワ ………………125
黄金シノブヒバ→シノブヒバ 127
黄金ヒヨクヒバ→ヒヨクヒバ 127
黄金マサキ ………………………45
オウチ→センダン ………………98
オオデマリ ………………………30
オオバヤシャブシ ………………23
オオモミジ ………………………78
オコーノキ→カツラ ……………32
オジギソウ ………………………107
オタフクナンテン ………………111
オトメツバキ ……………………36
オニイタヤ→イタヤカエデ ……79
オニグルミ ………………………101
オニジュロ→ワシントンヤシモドキ 114
オリーブ …………………… 6、12
オンコ→イチイ …………………119

カ
カイコウズ ………………… 8、12
カイヅカイブキ …………………126
カエデ ……………… 13、78、113
カキノキ …………………………66
ガクアジサイ ……………………31
カクレミノ ………………………87
カザンデマリ ……………………41
カシ ………………………………38
カジイチゴ ………………… 10、85
カジカエデ ………………………79
カシグルミ ………………………101
カジノキ …………………………83
ガジュマル ………………………35
カシワ ……………………………15
カツラ ……………………… 32、35
カナメモチ ………………………39
カナリーヤシ ……………………114
カバノキ科 …………… 22〜23、77

ガマズミ …………………………30
カヤ ………………………………119
カラスザンショウ ………………103
カラマツ …………………………123
カリン ……………………………76
カロリナポプラ …………………26
かんきつ類→ミカン類 …………64
カンツバキ ………………………37
ガンピ ……………………………83

キ
キイチゴ …………………………85
キク科 ……………………… 34、95
キヅタ ……………………………94
キハダ ……………………………112
キミガヨラン ……………………115
キャラボク ………………………119
キョウチクトウ …………………52
キリ ………………………………90
キンカン …………………………64
金マサキ …………………………45
銀マサキ …………………………45
キンモクセイ ……………………49
ギンモクセイ ……………………49
ギンヨウアカシア ………………112

ク
クサイチゴ ………………………85
クサギ ……………………………33
クジャクヒバ ……………………127
クスノキ ………… 12、35、62、113
クスノキ科 ………61〜63、77、94
クチナシ …………………………51
クヌギ ……………………………16
クマシデ …………………………22
クマノミズキ ……………………74
グミ ………………………………72
クリ ………………………………17
クルミ→オニグルミ …………101
クルメツツジ ……………………65
クローバー→シロツメクサ ……34
クロガネモチ ……………………54
クロマツ ………………… 12、13、120
クロモジ …………………………77
クワ ………………………………82
クワ科 ……… 35、66、82〜83、94

ケ
ゲッケイジュ ……………………62
ケヤキ ……………… 13、20、35、113

コ
コウゾ ……………………………83
小ウメ ……………………………19
コウヤマキ ………………………121
ゴールドクレスト ………………127
コクサギ …………………………33
ゴサイバ→アカメガシワ ………88
コシアブラ ………………………94
コジイ→ツブラジイ ……………59

129

コナラ …………………… 14、95
コニファー ……………………… 127
コノテガシワ ……………………… 125
コバノガマズミ ……………………… 30
コブシ ……………………………… 67
コブニレ ……………………………… 29
コマユミ ……………………………… 29
コムラサキ ……………………………… 30
ゴヨウマツ ……………………………… 120
小リンゴ→ズミ ……………………………… 94
コルククヌギ→アベマキ ……………… 16
コロラドビャクシン ……………………… 127
ゴンズイ ……………………………… 112

サ サカキ ………………………………… 55
サカキ科 ………………… 55〜56、77
サクラ ………………… 2、18、19、113
サクランボ ……………………………… 13
ザクロ ……………………………… 73
サザンカ ……………………………… 37
サツキツツジ ……………………………… 65
サトウカエデ ……………………………… 79
サラサドウダン ……………………………… 25
サルスベリ ……………………………… 73
サルトリイバラ ……………………………… 15
サワラ ……………………………… 124
サンゴジュ ……………………………… 47
サンシュユ ……………………………… 75
サンショウ ……………………………… 97

シ シイ ……………………………… 59
シイノキ→シイ類 ……………………………… 59
シキミ ……………………………… 53
シソ科 ……………………… 30、33
シダレザクラ ……………………………… 18
シダレヤナギ ……………………………… 27
シデ ……………………………… 22
シデコブシ ……………………………… 67
シナノキ ……………………………… 32
シナヒイラギ→ヒイラギモチ …48
シナレンギョウ ……………………………… 28
シノブヒバ ……………………………… 127
シマサルスベリ ……………………………… 73
シマトネリコ ……………………………… 110
シモクレン→モクレン ……………… 67
シャクナゲ ……………………… 10、53
シャラノキ→ナツツバキ ……………… 24
シャリンバイ ……………………………… 40
シュロ ……………………………… 114
シュロチク ……………………………… 114
常緑ヤマボウシ ……………………………… 75
シラカシ ……………………………… 38
シラカバ ……………………… 13、77、89
シロタブ→シロダモ ……………… 63
シロダモ ……………………………… 63
シロツメクサ ……………………………… 34
シロブナ→ブナ ……………………………… 70

シロモジ ……………………………… 94
シロヤマブキ ……………………………… 76
シンジュ ……………………………… 102
ジンチョウゲ ……………………………… 51
ジンチョウゲ科 ……………… 51、77

ス スイカズラ科 ……………… 44、53
スカイロケット→コロラドビャクシン 127
スギ ………………… 12、35、122
スズカケノキ ……………………………… 81
スダジイ ……………………………… 59
ズミ ……………………………… 94

セ 西洋カナメモチ→レッドロビン …39
セイヨウハコヤナギ→イタリアポプラ 26
センダン ……………………………… 98
センノキ→ハリギリ ……………… 94
センリョウ ……………………………… 45

ソ ソテツ ……………………………… 116
ソメイヨシノ ………………… 2、18、113
ソヨゴ ……………………………… 54
ソロ→シデ類 ……………………………… 22

タ 大王グミ ……………………………… 72
タイサンボク ……………………………… 58
ダイセンキャラボク ……………………………… 12
タイワンフウ→フウ ……………… 80
ダケカンバ ……………………………… 77
タチバナモドキ ……………………………… 41
タブノキ ……………………… 35、61
タマイブキ ……………………………… 126
タマツバキ→ネズミモチ ……………… 50
タラノキ ……………………… 56、99
タラヨウ ……………………………… 43
タランボ→タラノキ ……………… 99
ダンコウバイ ……………………………… 94
タンポポ ……………………………… 95

チ チャノキ ……………………………… 36
チャボヒバ ……………………………… 124
チューリップツリー→ユリノキ …92
チョウセンアサガオ ……………… 53
チョウセンレンギョウ ……………… 28

ツ ツキ→ケヤキ ……………………………… 20
ツゲ ……………………………… 44
ツタ ……………………………… 95
ツタウルシ ……………………………… 105
ツツジ ……………………… 12、53、65
ツツジ科 ……………… 25、53、65、70
ツバキ ……………………… 12、36
ツバキ科 ……………… 24、36〜37
ツブラジイ ……………………………… 59
ツルグミ ……………………………… 72

テ テウチグルミ ……………………………… 101
テリハノイバラ ……………………………… 96
天狗の羽団扇→ヤツデ ……………… 86

ト ドイツトウヒ ……………………………… 118
トウカエデ ……………………… 79、113
トウジュロ ……………………… 9、114

トウダイグサ科 ……………… 71、88
ドウダンツツジ ……………………………… 25
トウネズミモチ ……………………………… 50
トキワサンザシ ……………………………… 41
ドクウツギ ……………………………… 53
トサミズキ ……………………………… 76
トチノキ ……………………… 13、69
トネリコ ……………………………… 110
トビラノキ→トベラ ……………… 56
トベラ ……………………………… 56
どんぐり 14〜16、38、40、60、128

ナ ナガバモミジイチゴ ……………… 85
ナツグミ ……………………………… 72
ナツツバキ ……………………………… 24
ナツミカン ……………………………… 64
ナナカマド ……………………… 100、113
ナラ ……………………… 14、35
ナワシロイチゴ ……………………………… 85
ナワシログミ ……………………………… 72
ナンキンハゼ ……………………………… 71
ナンテン ……………………………… 111

ニ ニオイシュロラン ……………… 115
ニオイヒバ→ヨーロッパゴールド 127
ニガキ ……………………………… 112
ニガキ科 ……………………… 102、112
ニシキギ ……………………………… 29
ニシキギ科 ……………………… 29、45
ニセアカシア ……………………………… 108
肉桂 ……………………………… 63
ニッコウヒバ→シノブヒバ … 127
ニレ ……………………………… 20
ニワウルシ→シンジュ ……………… 102
ニワトコ ……………………………… 112
ニワナナカマド ……………………………… 100

ヌ ヌマスギ→ラクウショウ ……………… 117
ヌルデ ……………………………… 104

ネ ネコヤナギ ……………………………… 27
ネジキ ……………………………… 70
ネズミモチ ……………………………… 50
ネムノキ ……………………………… 107

ノ ノイバラ ……………………………… 96
ノウゼンカズラ ……………………………… 112
ノダフジ→フジ ……………………………… 109
ノバラ→ノイバラ ……………………………… 96

ハ ハイビスカス ……………………………… 84
ハイビャクシン ……………………………… 126
ハウチワカエデ ……………………… 2、79
ハガキの木→タラヨウ ……………… 43
ハクチョウゲ ……………………………… 44
ハクモクレン ……………………………… 67
ハクレンボク→タイサンボク …58
ハコヤナギ ……………………………… 26
ハジカミ→サンショウ ……………… 97
ハゼノキ ……………………………… 105
ハナズオウ ……………………………… 71

ハナノキ ……………… 7、12、113
ハナミズキ→コラボ 74、113
ハナモモ ……………………… 19
ハマナス ……………………… 96
ハマヒサカキ ………………… 77
バラ …………………………… 96
バラ科……18〜19、27、39〜42、
　　　　76、85、94、96、100
ハリエンジュ→ニセアカシア　108
ハリギリ ……………………… 94
ハルサザンカ ………………… 37
ハルニレ ……………………… 20
ハンテンボク→ユリノキ　92
ハンノキ ……………………… 23

ヒ　ヒイラギ ……………… 48、56
ヒイラギナンテン …………… 48
ヒイラギモクセイ …………… 48
ヒイラギモチ ………………… 48
ヒサカキ ……………………… 55
ビックリグミ ………………… 72
ヒノキ ………………… 34、124
ヒノキアスナロ ……… 13、125
ヒノキ科 … 117、122、124〜127
ヒバ …………………………… 13
ヒマラヤスギ ………………… 123
ヒマラヤトキワサンザシ→カザンデマリ　41
ヒマワリ ……………………… 34
ヒムロ→ヒムロスギ ………… 122
ヒムロスギ …………………… 122
ヒメアオキ …………………… 46
ヒメコウゾ …………………… 83
姫サカキ→ヒサカキ ………… 55
ヒメシャラ …………… 24、89
百日紅→サルスベリ ………… 73
ビャクシン …………………… 126
ヒュウガミズキ ……………… 76
ヒョウタンボク ……………… 53
ヒヨクヒバ …………………… 127
ピラカンサ …………………… 41
ヒラドツツジ ………………… 65
ビワ …………………………… 42

フ　斑入りアオキ ……………… 46
フウ …………………………… 80
フェニックス ………… 12、114
フジ …………………………… 109
フシノキ→ヌルデ …………… 104
ブナ …………………………… 70
ブナ科……… 14〜17、38、40、
　　　　59〜60、70
フユイチゴ …………………… 85
冬蔦→キヅタ ………………… 94
フヨウ ………………………… 84
プラタナス …………… 81、113
ブルーアイス ………………… 127
ブルーヘブン→コロラドビャクシン 127

豊後ウメ ……………… 12、19

ヘ　ヘチマ ……………………… 95
紅カナメモチ→レッドロビン … 39

ホ　ホオガシワ→ホオノキ …… 68
ホオノキ ……………………… 68
ホーリー→ヒイラギモチ …… 48
ボケ …………………………… 76
ホザキナナカマド …………… 100
ボックスウッド ……………… 44
ポプラ ………………………… 26
ホルトノキ …………………… 57
ホンサカキ→サカキ ………… 55
ホンツゲ→ツゲ ……………… 44

マ　マキ ………………… 13、121
マグノリア …………… 58、67
マグワ ………………………… 82
マサカキ→サカキ …………… 55
マサキ ………………………… 45
マツ ………… 12、13、35、120
マツ科……… 118、120、123
マッコウノキ→カツラ ……… 32
マテバシイ …………………… 60
マメ科…34、71、107〜109、112
マメツゲ ……………………… 44
マユミ ………………………… 29

ミ　ミカン ……………………… 64
ミカン科
　　　33、53、64、97、103、112
ミズキ ………………………… 74
ミズキ科 ……………… 74〜75
ミズナラ ……………… 14、35
ミツデ→カクレミノ ………… 87
ミツバアケビ ………………… 109
ミツバツツジ ………………… 65
ミツマタ ……………………… 77
ミモザ→ギンヨウアカシア … 112
ミヤマガマズミ ……………… 30
ミヤマシキミ ………………… 53
ミヤマビャクシン …………… 126
ミルキーウェイ ……………… 75

ム　ムクゲ ……………………… 84
ムクノキ ……………………… 21
ムクロジ ……………………… 106
ムクロジ科…… 69、78〜79、106
ムラサキシキブ ……………… 30

メ　メギ科 ………………… 48、111
メタセコイア ………………… 117
メダラ ………………………… 99

モ　モクセイ ……………… 13、49
モクセイ科…… 28、48〜50、110
モクレン ……………………… 67
モクレン科……58、67〜68、92
モチツツジ …………………… 65
モチノキ ……………………… 54
モチノキ科……43〜44、48、54

モッコク ……………………… 56
モミ …………………… 35、118
モミジ→カエデ類 …… 12、78
モミジイチゴ ………………… 85
モミジバスズカケノキ ……… 81
モミジバフウ ………… 80、113
モモ …………………………… 19
モントレイトスギ→ゴールドクレスト 127

ヤ　ヤエザクラ …………………… 18
ヤシ …………………………… 114
ヤシャブシ …………………… 23
ヤツデ ………………………… 86
ヤナギ ………………………… 27
ヤナギ科 ……… 26〜27、76
ヤブツバキ …………………… 36
ヤブニッケイ ………………… 63
ヤマアジサイ ………………… 31
ヤマウルシ …………………… 105
ヤマグワ ……………………… 82
ヤマザクラ …………… 18、19
ヤマツツジ …………………… 65
ヤマナラシ …………………… 26
ヤマハゼ ……………………… 105
ヤマハンノキ ………………… 23
ヤマブキ ……………………… 76
ヤマフジ ……………………… 109
ヤマボウシ …………………… 75
ヤマモミジ …………………… 78
ヤマモモ ……………… 12、57

ユ　ユーカリノキ ………………… 77
ユキツバキ …………… 13、36
ユキヤナギ …………………… 27
ユズ …………………………… 64
ユズリハ ……………………… 58
ユッカ ………………………… 115
ユッカラン→アツバキミガヨラン 115
ユリノキ ……………………… 92

ヨ　ヨウシュヤマゴボウ ………… 53
ヨーロッパゴールド ………… 127

ラ　ラカンマキ …………………… 121
ラクウショウ ………………… 117
ラッパイチョウ ……………… 93

リ　リュウキュウマツ …………… 12
リョウブ ……………………… 24

レ　レイランドヒノキ …………… 127
レッドロビン ………………… 39
レンギョウ …………………… 28
レンゲツツジ ………… 53、65
レンプクソウ科 …… 30、47、112

ロ　ロウバイ ……………………… 77
ローレル→ゲッケイジュ …… 62

ワ　ワジュロ→シュロ …………… 114
ワシントンヤシモドキ ……… 114

131

著者　林 将之（はやし まさゆき）

1976年、山口県生まれ。樹木図鑑作家。編集デザイナー。千葉大学園芸学部卒業。高校卒業まではまったく木を知らなかったが、大学で造園設計を専攻し、樹木を勉強。しかし、木の名前を調べるのに苦労した経験をきっかけに、葉で樹木を見わける方法を独学。実物の葉をスキャナで取り込む方法を発見し、全国をまわって葉を収集した。木や自然について、初心者にも分かりやすく伝えることをテーマに、執筆活動、樹木調査、観察会などに取り組む。主な著書に『葉で見わける樹木』（小学館）、『樹木の葉』『くらべてわかる木の葉っぱ』（山と溪谷社）、『樹皮ハンドブック』『紅葉ハンドブック』『琉球の樹木（共著）』（文一総合出版）、『葉っぱで気になる木がわかる』『秋の樹木図鑑』（廣済堂出版）、『葉っぱで調べる身近な樹木図鑑』（主婦の友社）など多数。樹木鑑定webサイト『このきなんのき』を運営し、木の名前の質問を受け付けている。

［写真協力］
赤堀千里、小野寺醸造元、黒岩方人、下村 充、乗田利一、函館市、波田善夫、馬場耕作、速水 実、筵伊昭雄、松尾 優、森 英介

［ブックデザイン］西田美千子

［DTP］林 将之

［イラスト］いらすとや

［協力］
ジョナサン・ラスムッセン、小田嶋晴子、大原隆明、石澤岩央、林 佳子、林 あろ、香川鏡子

［主な参考資料］
『葉っぱで調べる身近な樹木図鑑』（主婦の友社）、『樹木の葉』『樹に咲く花』（山と溪谷社）、『園芸植物大事典』『大人の園芸 庭木 花木 果樹』（小学館）、『木の大百科』（朝倉書店）、『図説 花と樹の大事典』（柏書房）、『葉っぱで見わけ五感で楽しむ樹木図鑑』（ナツメ社）、『樹の手帳 散歩が楽しくなる』（東京書籍）、『Weblio英和辞典・和英辞典』（https://ejje.weblio.jp/）

2018年3月25日　第1刷発行

著　者　林 将之
発行者　中村宏平
発　行　株式会社ほるぷ出版
　　　　〒101-0051　東京都千代田区神田神保町 3-2-6
　　　　電話 03-6261-6691　FAX 03-6261-6692
印　刷　共同印刷株式会社
製　本　株式会社ブックアート

ISBN978-4-593-58766-7／NDC470／132P／277×210mm
©Masayuki Hayashi 2018
Printed in Japan

乱丁・落丁がありましたら、小社営業部宛にお送りください。
送料小社負担にてお取り替えいたします。